WATER

DIVERSION

PROJECTS

跨流域调水工程水源区多元化生态补偿责任分担、协同效应及政策设计研究

□ 刘玕玕 著

经济管理出版社
ECONOMY & MANAGEMENT PUBLISHING HOUSE

图书在版编目（CIP）数据

跨流域调水工程水源区多元化生态补偿责任分担、协同效应及政策设计研究 / 刘玒玒著. -- 北京：经济管理出版社，2025. -- ISBN 978-7-5096-9972-0

Ⅰ．TV68

中国国家版本馆 CIP 数据核字第 2024JV4730 号

责任编辑：钱雨荷
责任印制：张莉琼
责任校对：王纪慧

出版发行：经济管理出版社
　　　　　（北京市海淀区北蜂窝 8 号中雅大厦 A 座 11 层　100038）
网　　址：www. E-mp. com. cn
电　　话：(010) 51915602
印　　刷：唐山昊达印刷有限公司
经　　销：新华书店
开　　本：720mm×1000mm/16
印　　张：11. 75
字　　数：159 千字
版　　次：2025 年 3 月第 1 版　　2025 年 3 月第 1 次印刷
书　　号：ISBN 978-7-5096-9972-0
定　　价：68. 00 元

前　言

推动建立跨区域、跨流域生态补偿机制，促进形成综合补偿与分类补偿相结合，转移支付、横向补偿和市场交易互为补充的生态补偿制度体系是健全生态保护补偿机制的重要内容。自党的十九大报告明确提出建立市场化、多元化生态补偿机制后，"市场化、多元化生态补偿机制"频繁出现在有关生态保护与生态补偿政策文件中。跨流域调水工程造成的水生态环境保护成本与收益空间错配以及其生态补偿问题是当前学术界关注的热点，因跨流域调水的"跨区域"特性，现阶段的跨流域调水工程生态补偿中仍存在以政府公共财政补偿为主，企业和公众参与度较低的困境。

本书基于生态补偿多元主体及其核心利益诉求，综合考虑生态保护成本和外溢效益的生态补偿标准，以及在多维度视角下对生态补偿责任分担进行理论分析，并以引汉济渭工程水源区生态补偿为例，通过对生态保护成本和外溢效益进行测算确定生态补偿标准，进一步对多元主体责任分担及协同度进行了实证分析。

本书创新性工作和成果包括四个部分：一是为建立多元化生态补偿机制提供了新见解。基于利益相关者理论将跨流域调水工程水源区生态补偿主体抽象分为政府、市场和社会公众组织，并厘清生态补偿成本和外溢效益的构成，提出了生态补偿及其标准确定的基本框架。二是为政府和其他受益主体补偿责任分配问题提供了新思路。基于"受益者负担""共同但有区别责任""收益结构"原则，从时间、空间和主体三个维度提出了生态补偿责任分摊方法。三是为研究政府和其他受益主体协同参与问题提供了新视角。将协同理论引入生态补偿领域，通过分析多元主体协同机理，提出了利益趋同、权责体系和先定约束三个宏观序参量，构建了跨流域调水工程水源区生态补偿多元主体仿真模型，对多元补偿主体横向协同的动态演化进行仿真分析。四是通过整合计划行为理论和技术接受模型，构建了生态补偿对居民生态保护意愿影响框架，并采用结构方程模型实证研究生态补偿政策对水源区居民生态保护意愿的影响，从微观视角分析了生态补偿转移支付的激励效果。

目　录

第一章　研究背景与文献综述

一、研究背景与研究意义

（一）研究背景

改革开放以来，我国社会经济的发展取得了举世瞩目的成就，综合国力明显增强，国际地位显著上升。但我国经济前期的快速增长也造成了极大的生态破坏和环境污染问题，西方发达国家在近两个世纪的工业化进程中分阶段出现的生态环境问题在我国工业化进程中集中体现。生态资源的高度破坏与消耗、绿色植被面积锐减、空气质量降低、水资源枯竭和污染、土地塌陷和沙漠化等生态环境问题纷至沓来，使我国处于环境风险的显现期，经济发展负重前行。在巨大的环境压力下，政府环境保护部门和越来越多的学者开始意识到经济增长和环境保护之间需要有所权衡（Trade-off）。

面对日益严重的环境污染和生态破坏问题，党中央、国务院对生态环境保护作出了一系列战略部署。在政府方面，1982 年，我国政府将"环境保护"

作为基本国策列入《中华人民共和国宪法》；1989 年，首部《中华人民共和国环境保护法》出台；在 1992 年联合国环境与发展大会召开后，我国成为首批签署纲领性文件《21 世纪议程》的国家之一；2003 年，党的十六届三中全会提出"科学发展观"，强调经济发展要以人为本，追求全面、协调的可持续发展；2011 年，"十二五"规划纲要将"绿色发展思想"确定为经济发展的主题思想之一；2016 年，"十三五"规划纲要将绿色发展、生态文明建设同时列为规划期间的重点内容。在党的政策方针方面，2012 年，党的十八大提出大力推进生态文明建设，并将其纳入"五位一体"总体布局，把资源消耗、环境损害、生态效益纳入经济社会发展评价体系，建立体现生态文明要求的目标体系、考核办法、奖惩机制。2015 年，中共中央、国务院印发了《关于加快推进生态文明建设的意见》，通篇贯穿"绿水青山就是金山银山"的绿色发展理念；随后出台了《生态文明体制改革总体方案》，提出了生态文明先行示范区建设；并在党的十八届五中全会上，将"绿色发展"列入新发展理念。2017 年，党的十九大报告指出"建设美丽中国"的伟大构想，提出建立市场化、多元化生态补偿机制；完善主体功能区配套政策，建立以国家公园为主体的自然保护地体系。2018 年 5 月，全国生态环境保护大会召开，提出生态文明建设新形势新任务，必须加强生态保护、打好污染防治攻坚战。

党的二十大报告提出，中国式现代化是人与自然和谐共生的现代化，再次强调了生态文明建设的重要性。生态保护补偿是生态文明建设的重要途径，特别是对于生态产品产权市场不够完善的国家和地区来说更为重要。生态保护补偿作为重要政策工具，可以有效缓解生态保护与经济发展之间的矛盾。2023 年 7 月召开的全国生态环境保护大会提出，我国生态环境保护结构性、根源性、趋势性压力尚未根本缓解。生态环境质量未发生显著变化的原因，除了生态环境保护与建设周期长、见效慢的客观因素，缺乏对当地居民的激励机制也是重要的主观原因，在此次会议上，进一步提出强化外部约束的同时要提高生态保护内生动力，以实现高质量生态环境保护。

流域作为人类社会文明的发源地，是自然生态系统中的重要组成部分之一，也是提供人类可使用淡水资源的最大来源。随着我国社会经济的高速发展，人类对水资源的需求不断增加，导致水资源过度开发、水环境污染、水资源短缺等问题频发。为了保护水生态环境和实现人水和谐，我国先后出台了一系列相关法律法规。2012 年 1 月，国务院发布了《关于实行最严格水资源管理制度的意见》，明确提出人多水少、水资源时空分布不均是我国的基本国情和水情，确立水资源开发利用控制红线、用水效率控制红线、水功能区限制纳污红线三条红线为主要目标。2015 年 4 月，国务院发布了《水污染防治行动计划》，提出到 2020 年，长江、黄河、珠江、松花江、淮河、海河、辽河七大重点流域水质优良（达到或优于 Ⅲ 类）比例总体达到 70% 以上的主要指标，大力推进生态文明建设，以改善水环境质量为核心，深化重点流域污染防治。2015 年 9 月，中共中央、国务院印发了《生态文明体制改革总体方案》，提出树立"绿水青山就是金山银山"的理念，坚持发展是第一要务，必须保护森林、草原、河流、湖泊、湿地、海洋等自然生态；探索建立多元化补偿机制，完善生态保护成效与资金分配挂钩的激励约束机制；推行水权交易制度，探索地区间、流域间、流域上下游等水权交易方式。2016 年 5 月，国务院办公厅发布了《关于健全生态保护补偿机制的意见》，明确提出在江河源头区等以及具有重要饮用水源或重要生态功能的湖泊，全面开展生态保护补偿，适当提高补偿标准，到 2020 年实现水流重要区域生态保护补偿全覆盖，补偿水平与经济社会发展状况相适应，跨地区、跨流域补偿试点示范取得明显进展。

为了解决我国水资源时空分布不均问题，我国实施了一系列大规模跨地区、跨流域调水工程，如南水北调工程、天津引滦入津工程、山东引黄济青工程、甘肃引大入秦工程、江苏江水北调工程、陕西引汉济渭工程等，将水资源从丰富水资源区调到缺水区，缓解了水资源空间分布不均问题，有效优化了水资源配置，在一定程度上满足了缺水区的用水需求，同时对推动区域经济发展、促进社会稳定亦起到了重要作用。但是，跨流域调水工程实际上是人为改变了水源区和受水区的水文情势，在对生态环境产生有利影响的同时，也可能带来一些不利影响，对于水源区而言，可能会影响水环境质量，导致河流生态系统被破坏，影响居民生活健康；可能会导致水量减少，影响当地水资源利用；可能会使当地地下水位下降，影响水文环境和条件等。

随着跨流域调水工程的实施，水源区生态补偿也成为学者研究的热点问题。水源区和受水区之间水生态环境保护成本与收益的区域错配是流域生态补偿的根本原因，水源区作为水生态服务价值供给方，为了保护水生态环境和保证水质，付出了高昂的环境保护成本；受水区作为水生态服务价值的需求方，在无偿享受良好的水生态服务的同时不断促进自身的发展，两个地区之间的环境成本和经济发展差距不断拉大，如何改变这一困境，实现水源区与受水区和谐统一的共同发展和共同富裕，践行"绿水青山就是金山银山"理念，亟须新的理论研究和实证分析。

（二）研究意义

生态补偿是生态文明制度的重要组成部分，党的二十大报告强调，要完善生态保护补偿制度。流域生态补偿是我国社会经济转型过程中面临的一个重大现实问题，也是理论界长期探讨、悬而未决的一个理论问题。近年来，我国政府针对流域生态系统保护和环境治理实施了许多规划，努力破解经济发展和环境保护的矛盾，例如，中央政府制定的最严格水资源管理制度、水污染防治行动计划以及一些地方政府主导的流域生态补偿实践等。这些流域生态环境治理规划和项目实施的良好态势，为我国完善流域生态补偿机制提供了极强的现实基础。同时，虽然国外关于流域生态服务价值补偿的研究已取得了大量的成果，但是随着理论的发展和研究的深入，这些成果需要得到进一步的论证，尤其是结合我国社会经济转型的特殊背景进行研究与分析。

本书立足我国跨流域调水工程水源区和受水区成本收益空间错配问题日趋加剧的现实背景，结合我国生态文明建设和生态保护补偿机制构建的客观实际，借鉴国内外已有的相关理论和经验研究，试图进一步研究协调政府和其他受益主体协同补偿问题，完善我国跨流域调水工程水源区多元化生态补偿长效机制，对为生态文明建设和美丽中国建设提供有效的政策建议具有重要的理论和现实意义。

1. 理论意义

（1）为跨流域调水工程水源区多元化生态补偿提供完整、科学的理论框架。跨流域调水工程水源区生态保护补偿由多方面要素构成，各要素之间并不是简单的概念拼凑，而是具有理论基础和逻辑联系的系统框架。本书基于利益相关者理论，从补偿主体多元视角界定了水源区多元化生态补偿机制内涵和理论框架，该框架包含三个部分：一是确定多元主体构成，将生态补偿主体抽象为政府、市场和社会公众组织三元主体；二是确定生态补偿标准，构建了以保护成本为下限、以外溢效益为上限的补偿标准及测算方法；三是确定多元主体责任分担依据，依据评估出的生态效益、经济效益和社会效益份额，给出了多元主体的责任分担时间维度、空间维度和主体维度。这些研究共同构成了跨流域调水工程水源区生态补偿的理论框架，对生态保护补偿机制的设计、建立和实施有所裨益。

（2）拓展了协同理论的应用范围。多元化生态补偿的政策和实践目的是实现多元主体协同补偿。基于"目标关联维度"范畴，把协同补偿目标与时间维、空间维和主体维相统一，形成了将补偿主体系统无序转化为有序的枢纽。各补偿主体子系统围绕统一目标的实现而彼此协调行动，在非线性互动作用中通过各自功能角色的定位形成新的准则——序参量。构建跨流域调水工程水源区生态补偿多元主体网络协同体系和协同仿真模型，为水源区生态补偿多元主体协同研究奠定了理论基础，扩展了协同理论的应用范围，也为其他领域协同研究提供了范式借鉴。

2. 实践意义

（1）为跨流域调水工程水源区多元化生态补偿机制的实施提供科学依据。

为各级政府制定多元化生态补偿政策提供创新思路和政策建议，为建立政府主导、市场主体和社会公众组织共同参与的水源区多元化生态补偿长效机制提供制度路径，助力新一轮我国跨流域调水工程水源区生态补偿的改革与实践进程。

（2）指导陕西省引汉济渭调水工程水源区多元化生态补偿实践。通过实地调查数据，分析基于利益相关者的引汉济渭调水工程水源区生态补偿公众参与特征，明确补偿地区不同阶段不同行政区域内政府、市场主体和社会公众组织的责任分担，探寻适合陕西省引汉济渭调水工程水源区的多元主体协同体系，利用多元主体协同仿真指导引汉济渭调水工程水源区多元化生态补偿实践。

二、引汉济渭工程施工政策进程梳理

（一）引汉济渭工程概况

引汉济渭工程是"十三五"时期国务院确定的172项节水供水重大水利工程之一，是经国务院批复的《渭河流域重点治理规划》中的水资源配置骨干项目，也是国务院批准颁布的《关中—天水经济区发展规划》中的重大基础设施建设项目。引汉济渭工程由调水工程和输配水工程组成，从长江最大支流——汉江引来的江水，穿过近百公里的秦岭隧洞后，最终将补给黄河最大的支流——渭河，从而实现长江和黄河在关中大地"握手"，是陕西有史以来规模最大的水利工程。工程建成后，将大大缓解关中地区用水问题，使1000万人喝上汉江水，工程地跨长江、黄河两大流域，采用隧洞引水方式，小心避开秦岭敏感生态区，从陕南汉中市洋县、佛坪县的汉江流域调水至关中渭河流域,可解决西安、咸阳、渭南、杨陵四个重点城市,西咸新区五座新城,渭河两岸长安县、户县、临潼县、周至县、兴平县、武功县、泾阳县、三原县、高陵县、阎良县、华县11个县以及高陵泾河、泾阳产业密集区、扶风绛帐食品和眉县常兴纺织四个工业园区的近期用水需求,受水区域总面积为1.4万平方千米,受益人口为1411万,恢复灌溉面积为300万~500万亩,同时可增加渭河生态水量,对遏制渭河生态环境恶化发挥重大作用。

引汉济渭工程主要由三河口水利枢纽和秦岭隧洞、黄金峡至三河口输水工程、黄金峡水源泵站、黄金峡水利枢纽等组成。

三河口水利枢纽坝址位于佛坪县大河坝乡三河口村下游2千米处,主要任务是调蓄本流域子午河来水及通过泵站抽调入库的汉江干流水量。拦河坝初选坝型为碾压混凝土重力坝,最大坝高为138.3米,总库容为6.81亿立方米,调节库容为5.5亿立方米,正常蓄水位为643米,坝后泵站设计抽水流量为50立方米/秒,多年平均抽水量为0.9亿立方米,设计总扬程为95.1米,总装机功率约为60.6兆瓦,年用电量为0.3亿千瓦时。坝后电站装机容量为45兆瓦,多年平均发电量为1.08亿千瓦时。

秦岭隧洞进水口位于三河口水库坝后汇流池,出口位于渭河一级支流黑河金盆水库右侧支沟黄池沟内,工程任务是将汉江流域调出水量自流送入渭河流域关中地区,隧洞为明流洞,全长为81.58千米,设计流量70立方米/秒,多年平均输水量为15.05亿立方米,纵坡为1/3000,钻爆法施工横断面为"马蹄"形,断面尺寸为7.0米×7.0米,隧道硬岩掘进机(TBM)法施工断面为圆形,断面直径为7.16米/8.03米。

黄三隧洞进口位于良心河左岸李家湾(黄金峡泵站出水闸),出口位于三河口水利枢纽坝后约300米处汇流池,工程任务是将黄金峡泵站抽取的汉江水送入三河口水利枢纽坝后汇流池。隧洞为明流洞,全长为15.79千米,设计流量为75立方米/秒,多年平均输水量为9.76亿立方米,纵坡为1/3000,横断面为"马蹄"形,断面尺寸为7.18米×7.18米。

黄金峡水源泵站位于黄金峡水库库区左岸良心河内，距良心河入汉江河口约900米，工程任务是将黄金峡水库的水扬高送至黄三隧洞，多年平均抽水量为9.76亿立方米。泵站设计抽水流量75立方米/秒，总扬程为113.5米，安装水泵电动机组15台，单机设计流量6.25立方米/秒，配套电机功率为11兆瓦，泵站总装机功率约165兆瓦，年用电量为3.67亿千瓦时。

黄金峡水利枢纽水库坝址位于汉江干流黄金峡锅滩下游2千米处，主要任务是拦蓄汉江河水，雍高水位，兼顾发电。拦河坝为混凝土重力坝，最大坝高为64.3米，总库容为2.36亿立方米，调节库容为0.92亿立方米，为日调节水库，正常蓄水位为450米，死水位为440米，河床式电站装机容量为120兆瓦，多年平均发电量为2.98亿千瓦时。

引汉济渭工程拟按"一次立项，分期配水"方案建设实施，2020年、2025年调水量分别为5亿立方米、10亿立方米，2030年最终调水规模达15亿立方米。根据陕西省引汉济渭工程建设有限公司官网公布的数据，引汉济渭工程总工期为11年，估算静态总投资187.15亿元，批复总投资199.06亿元。该工程项目建议书于2009年7月通过中华人民共和国水利部（以下简称"水利部"）审查，2009年12月通过国家发展改革委委托、中国国际工程咨询公司组织的专家评估，2010年3月评估报告正式报送国家发展改革委。计划2010年编制完成工程可行性研究报告及部分单项工程初步设计，2010年底开工建设。"十二五"时期拟建成三河口水利枢纽和秦岭隧洞，实现2020年调水5亿立方米的供水目标。

（二）工程效益

引汉济渭工程对于陕西省具有系统性意义。20世纪90年代，西安市严重缺水，不得不大量超采地下水。此举引发了一系列环境问题，如大雁塔加速倾斜，很多地方出现地裂缝，城市地面下陷最深达2.6米。于是，人们开始研究引汉济渭工程——从陕南汉江调水到渭河，解决关中的缺水问题。

西部大开发之后，关中—天水经济区得到国家批复，对关中地区的产业化、城市化而言，可谓一剂"强心针"。与此同时，西安提出建设国际化大都市，市区人口要超过 1000 万，主城区面积要达到 800 平方千米，跨越渭河发展，使用水需求不断提高，对水质的要求标准也进一步提升。

近些年，西安以及关中地区的用水实际是在"欠账"，是靠超采地下水、牺牲生态用水和挤占农业用水来维持的。引汉济渭工程的历史意义和战略意义在于向关中地区补充水源，现实意义是对渭河的改善治理。

引汉济渭工程实施后，关中地区总供水能力将达到 75 亿立方米，基本解决西安、宝鸡、咸阳、渭南、杨陵五市区及 26 个县、市工业和城镇用水问题。在人口不断增长的情况下，渭河流域的关中地区人均占有水资源量将由 370 立方米左右提高到 450 立方米左右，人均用水量将由 200 立方米左右提高到 300 立方米左右，新增城市工业生产可用水量近 14 亿立方米，可支撑国内生产总值 4000 亿~7000 亿元，支撑 400 万~500 万人口的城市规模，从而为关中的率先发展，实现城镇化、工业化和小康社会目标起到促进作用①。

（三）工程进展

2004 年初，引汉济渭工程项目建议书阶段的前期工作开始启动。

2011 年 3 月 16 日，"十二五"规划纲要明确要求，加快推进引汉济渭等调水工程前期工作。

2011 年 7 月，国家发展改革委批复引汉济渭工程项目建议书。

2011 年 7 月 21 日，《引汉济渭受水区输配水工程规划报告》② 主要对引汉济渭工程受水区的输配水工程建设条件进行全面分析，通过技术经济比较提出工程布局、选线和建筑物布置方案，估算工程量和投资，提出分期建设方案，

---

① 张少年，张维．第三届渭河论坛在西安召开［EB/OL］．新浪．http：//news.sina.com.cn/c/2009-10-19/162016462888s.shtml.

② 摘自中央政府门户网站，2011 年 8 月 27 日，新闻来源：《陕西日报》。

为开展受水区工程勘测设计奠定规划基础。在开展引汉济渭工程前期工作的同时，深入研究与调水工程配套的受水区输配水工程方案，比较论证受水区输配水工程的基本布局，全面分析引汉济渭工程建设及运行成本，编制输配水工程规划，并提请省政府有关部门批准，为输配水工程建设保留必要的场地条件，尽早发挥工程效益。

2012 年 4 月，水利部向国家发展改革委上报工程可行性研究报告。

2012 年 9 月 27 日，陕西省十一届人大常委会第三十一次会议通过《关于引汉济渭工程建设的决议》，依法促进和保障引汉济渭工程顺利进行。

2013 年 7 月 31 日，陕西省引汉济渭工程建设有限公司正式注册成立，引汉济渭工程进入公司化建设管理。

2013 年 12 月 20 日，国家环保部批复《关于引汉济渭工程环境影响书》。

2014 年 5 月，工程建设用地预审获得批复。至此，可研审批所需的 15 个前置性文件全部得到批复。

2014 年 9 月 28 日，按照国家发展改革委批复关于《陕西省引汉济渭工程可行性研究报告》（发改农经〔2014〕2210 号），引汉济渭工程采用工程一次建成、分期配水的原则。到 2025 年水平年调水量 10 亿立方米，进入关中水量 9.3 亿立方米；到 2030 年水平年调水量 15 亿立方米，进入关中水量 13.95 亿立方米。调入水量主要是供给关中地区渭河沿岸重要城市、县城、工业园区。引汉济渭工程建成后，置换石头河水库向西安市、咸阳市的供水量，石头河水库将作为宝鸡市供水水源，因此宝鸡市是引汉济渭工程的间接供水对象。

2015 年 9 月 17 日，陕西省发展改革委、陕西省水利厅联合印发了《引汉济渭输配水干线工程总体规划》，要求受水区各级政府和相关工作部门（单位）高度重视输配水工程建设工作，谋划好本地配套供水设施，陕西省引汉济渭工程建设有限公司要会同受水区地方政府，按照建设程序加快推进输配水干线工程前期工作，争取尽快开工建设。规划推荐"周至向北一次过渭"的输配水干线工程总体布置方案。工程主要由黄池沟配水枢纽、渭河南干线、过渭干线、渭北西干线、渭北东干组成，线路总长 330.77 千米，全线基本自流（除干线末端杨陵外），主要建筑物有隧洞、箱涵、管道、倒虹、渡槽、泵站。黄池沟配水枢纽位于周至县引汉济渭秦岭隧洞出口处的黄池沟，接纳引汉济渭及黑河金盆水库来水，向渭河南干线、过渭干线分水，初步拟定分水池总容积 3.3 万立方米，向渭河南干线分水 43 立方米/秒、向过渭干线分水 27 立方米/秒，渭河南干线布置于渭河以南由黄池沟至华县，全长 172.83 千米；过渭干线由黄池沟向北至渭北分水点，全长 138.7 千米，渭北东干线由渭北分水点向东至阎良，全长 112.1 千米；渭北西干线由渭北分水点向西至杨陵，全长 26.04 千米。

2017 年 7 月 26 日，《陕西引汉济渭输配水干线工程可行性研究报告》通过了水利部水利水电规划设计总院审查。陕西省引汉济渭公司将尽快安排部署，加大与相关单位的组织、统筹和协调，督促报告承担单位集中力量，全力以赴做好人、财、物保障，按照要求在最短时间内完成可研报告的修改、补充和完善任务。按照 2018 年上半年完成批复、开工建设的目标任务，采取清单管理、节点控制、时间倒排、任务倒逼、责任倒追等措施和方法，进一步加大协调、加强统筹、同步开展、压茬推进项目审批立项和开工所需的前置要件及专题编制工作。

2017 年 11 月 25 日，中铁十七局集团二公司施工的引汉济渭秦岭隧洞出口段 6500 米隧洞正式贯通，这刷新了隧道独头通风世界纪录，也标志着世界第二长水利隧洞引汉济渭秦岭隧洞工程建设取得重大进展。截至 2017 年 11 月底，工程建设按计划进行，秦岭输水隧洞完成开挖支护主洞 80.86 千米，完成总目标 98.3 千米的 82.26%。引汉济渭秦岭隧洞工程当时预计 2020 年全线贯通，工程建成后，将大大缓解西安和关中地区用水紧张问题。该工程总调水规模 15 亿立方米，相当于 100 多个西湖的水量，受益人口 1400 多万，还将使 500 万亩失灌耕地有水可灌[①]。

---

① 资料来自 2017 年 11 月 26 日《人民日报》、新华社等多家中央主流媒体报道。

2018 年 7 月，西安市水务局组织会议，审查通过了《引汉济渭二期工程南干线过河建筑物防洪评价报告》。会上，主体设计单位就二期工程南干线工程总体设计和线路穿越涝河、潏河、沣河、灞河的方案调整做简要汇报，防洪评价单位从河床演变、分析计算、防治与补救措施等方面对调整后的上述四处过河建筑物防洪评价成果进行系统汇报。与会专家和代表充分讨论后，一致认为，报告编制符合规范要求，评价方法合适，结论可行，同意通过技术审查①。

2018 年 7 月，陕西省引汉济渭公司邀请教授和专家在西安召开了《引汉济渭工程秦岭输水隧洞（越岭段）TBM 施工段接应方案》咨询会。专家组深入秦岭输水隧洞（越岭段）TBM 施工段岭南工地，现场踏勘建设情况，详细了解了工程建设进度及技术难题，认真听取了秦岭输水隧洞（越岭段）TBM 施工段接应方案的汇报，围绕总体工期、施工难度及接应方案实施的可行性进行了提问和讨论。专家组一致认为，采用钻爆法及岭北 TBM 接应对保障 2020 年先期通水目标十分必要可行。建议进一步加强岩爆的预报预警，优化岩爆段系统支护参数，对岭北 TBM 设备改造进行专项论证，同时结合工程实际，对涉及的 TBM 施工单价及其他费用进行合理分析②。

2018 年 9 月 12 日，陕西省引汉济渭公司在北京主持召开会议，邀请相关专家成立验收专家组，对公司承担、长江勘测规划设计研究院有限公司协作的 2016 年陕西省水利科技计划项目《引汉济渭黄金峡水利枢纽高扬程大流量水泵关键技术研究》进行初步验收。本次验收的项目依托引汉济渭工程，以国家重大需求和相关学科前沿为导向，从黄金峡高扬程大流量水泵水力性能、泥沙磨损和变速及恒频运行三个基本视角，围绕水泵选型关键技术问题开展基础研究。专家组听取了项目组的汇报，经过质询讨论，认为项目组研究资料详实，研究过程完备，技术路线清晰，结论合理可信，完成了规定的研究内容，

---

① 资料来源：陕西省人民政府国有资产监督管理委员会官方网站。
② 资料来源：陕西省水利厅官方网站。

达到了预期的研究目标，尤其是研制的模型水泵性能优良，技术指标达到了国际先进水平，同意通过初步验收①。

2020年7月21日，国家发展改革委批复引汉济渭二期输配水工程可行性研究报告，标志着该工程正式立项，进入实施阶段。引汉济渭二期输配水工程是引汉济渭工程的重要组成部分，承担着将调入关中地区的优质汉江水输送至渭河两岸西安、咸阳、渭南、杨陵4个重点城市、11个县级城市、1个工业园区以及西咸新区5座新城共21个对象的关键任务，对于发挥引汉济渭工程总体效益至关重要。主要建设内容包括黄池沟配水枢纽、103.33千米的输水南干线和88.99千米的输水北干线。批复总投资200.23亿元，建设总工期60个月。

2020年8月20日，陕西省水利厅与陕西省引汉济渭公司在西安召开《引汉济渭工程秦岭隧洞专项研究》项目验收会议，会议最终一致同意项目通过验收并给予高度评价，会议还强调要在做好安全保障和应对措施的基础上，实现秦岭隧洞剩余最后4千米的稳步推进，确保工程顺利全面贯通。

2021年11月24日，引汉济渭二期工程北干线下穿黑河输水管道工程正式开工。

2022年2月22日，引汉济渭工程秦岭输水隧洞实现全线贯通，标志着引汉济渭工程取得关键进展。秦岭输水隧洞是国家重点水利工程引汉济渭工程的关键控制性工程，也是人类从底部横穿秦岭的首次尝试。隧洞全长98.3千米，最大埋深2012米，设计流量70米/秒，纵坡1/2500。秦岭输水隧洞穿越地区地质条件极其复杂，常年温度超过40℃，相对湿度高达90%，强岩爆、高强极硬岩、高地温、断层塌方、突涌水等各类地质灾害叠加发生，被众多院士、专家评价为"综合施工难度世界罕见"。受地质地形等条件限制，秦岭输水隧洞采取钻爆法和TBM法联合施工，其中钻爆法施工63.3千米，TBM法施工35千米。针对秦岭隧洞超长施工通风难题，引汉济渭创立了完整的超长隧洞钻爆法和TBM法新的施工通风成套技术体系，创造了钻爆法无轨运输施工通风距离7.2千米、TBM

法独头掘进施工通风距离 16.5 千米的世界纪录①。引汉济渭秦岭输水隧洞全线贯通，标志着引汉济渭工程关键控制性工程取得重大胜利，将全面加快隧洞内二次衬砌工作以及引汉济渭二期输配水管网工程建设。

2022 年 4 月 7 日，陕西省引汉济渭工程建设有限公司与国家开发银行陕西省分行在陕西省水利厅举行引汉济渭二期工程贷款签约仪式，双方签署了总额 130 亿元的贷款合同。

2022 年 9 月，引汉济渭鲸鱼沟调蓄工程红旗水库溢洪道及下游河道综合治理等工程相继按期开工建设。引汉济渭三期可行性研究报告已通过省水利厅技术审查，社会稳定风险评估办结。

2023 年 5 月，国家重点水利工程引汉济渭工程取得关键进展，全长 98.3 千米的秦岭输水隧洞主体工程完工②。

2023 年 6 月 17 日，国家重点水利工程——引汉济渭工程通过了调水工程的通水阶段验收，标志着引汉济渭工程具备了通水条件。2023 年 6 月 18 日，国家 172 项节水供水重大水利工程之一——引汉济渭工程日前通过通水阶段验收，标志着这项工程已具备通水条件。2023 年 6 月 20 日，引汉济渭工程黄金峡水利枢纽顺利通过由水利部黄河水利委员会和陕西省水利厅共同组织的下闸蓄水阶段验收，具备下闸蓄水条件，即将迈入蓄水阶段，标志着引汉济渭一期调水工程基本完工，进入全面试运行阶段。2023 年 6 月 28 日，黄河水利委员会组织完成陕西省引汉济渭工程黄金峡水利枢纽下闸蓄水等 3 项阶段验收，为工程按期通水奠定基础。2023 年 7 月 9 日，"引汉济渭"工程主要调水水源——黄金峡水利枢纽正式下闸蓄水，标志着"引汉济渭"工程一期调水工程完工。2023 年 7 月 16 日，引汉济渭工程正式向西安通水。

2024 年 4 月 19 日，引汉济渭二期工程最大单体项目——渭河管桥索塔即

---

① 资料来源：2022 年 2 月 4 日，国务院国有资产监督管理委员会发布《引汉济渭秦岭输水隧洞全线贯通》。

② 资料来源：2023 年 5 月 8 日，陕西省国资委发布的新闻。

将全部封顶，为确保引汉济渭二期工程 2026 年建成通水奠定基础。

2015 年 1 月，长江水利委员会组织编制的《引汉济渭工程水资源调度方案（试行）》（以下简称《方案》）获水利部印发实施，为规范引汉济渭工程水资源调度，充分发挥工程社会、经济、生态等综合效益，统筹协调汉江流域用水及跨流域调水工程调水，强化流域水资源统一调度管理提供了重要依据。《方案》在统筹考虑引汉济渭工程水源区和受水区用水需求，协调引汉济渭工程与汉江流域及南水北调中线工程水资源调度的基础上，提出了引汉济渭工程的调度目标、调度原则，确定了近期调水规模、供水范围、年度调水量等内容，规范了水源工程、输配水工程的调度方式，明确了调度权责、水量交接、调度监测及信息共享、年度计划编制与下达、执行与调整等管理要求①。

（四）移民政策

2014 年，为了保障引汉济渭工程移民安置工作顺利推进，陕西省库区移民工作领导小组办公室、陕西省引汉济渭工程协调领导小组办公室联合下发了关于《引汉济渭工程建设征地移民安置实施各类项目补偿（补助）标准》（陕移发〔2014〕18 号）的通知，为引汉济渭工程移民安置订立了补偿标准。

引汉济渭工程移民搬迁工作始终严格按照移民条例规定，实行开发性移民方针，采取前期补偿、补助与后期扶持相结合的办法，确保了移民群众搬得出、稳得住、能致富。陕西省水利厅先后印发了《全面实施引汉济渭工程移民安置工作的意见》《建设征地移民安置实施各类项目补偿标准》《建设征地移民安置工作考评暂行办法》《移民安置规划设计变更管理暂行办法》等 10 多项管理办法，委托移民安置监督评估机构，实行全过程监督评估，确保了工程建设进度、质量和资金安全②。

---

① 资料来源：2025 年 1 月 3 日中华人民共和国水利部发布《引汉济渭工程水资源调度方案印发实施》。

② 资料来源：中央广播电视总台央视新闻官方账号 2020 年 9 月 10 日的新闻。

2017 年 7 月，为加快推进引汉济渭输配水干线工程（一期）前期工作，确保工程顺利实施，根据《大中型水利水电工程建设征地补偿和移民安置条例》（国务院令第 471 号）有关规定，陕西省人民政府出台了《关于禁止在引汉济渭输配水干线工程（一期）占地范围内新增建设项目和迁入人口的通告》。

2017 年 11 月，洋县人民政府出台了《关于印发引汉济渭工程洋县黄金峡水库建设征地移民安置实施管理办法的通知》，该通知是针对于引汉济渭工程黄金峡水库工程淹没区、影响区、枢纽工程坝区建设征地移民安置工作，内容包括移民人口认定、移民安置、移民补偿补助、移民建房、土地调整、移民户籍管理等多个方面。

2021 年，宁陕县对于引汉济渭工程三河口水利枢纽淹没和影响的人口，按照国务院《关于完善大中型水库移民后期扶持政策的意见》规定，该县 1438 名水库移民从 2021 年起，每人每年将获得 600 元补助，补助期限 20 年。此外，国家还将安排专项资金，对水库移民村在基础设施、产业发展、移民劳动力创业就业技能培训和职业教育等方面给予项目扶持。

2022 年，陕西省政府发布了《关于禁止在引汉济渭三期工程建设征地范围内新增建设项目和迁入人口的通告》，标志着引汉济渭三期工程前期工作取得了突破性进展，为开展相应移民实物调查工作奠定了基础。

（五）生态保护措施

引汉济渭经过了 4 个国家级、1 个省级自然保护区以及西安市黑河水源保护区，引汉济渭公司成立了专职环保管理部门，建立健全环保管理体系和奖惩制度，对环保工作做到严管、严查、严控。把环保工作纳入施工单位季度考核，实行"一票否决"，落实了施工及监理单位的环境保护工作责任。

在关于《陕西省引汉济渭二期工程环境影响报告书》的批复中，对引汉济渭项目建设提出了一些有关于生态环境的保护措施，主要包括以下四个方面：①严格落实"以新带老"措施；②水环境影响及保护措施；③生态影响及保护措施；④其他环境影响及保护措施。

在关于《陕西省引汉济渭三期工程环境影响报告书》的批复中，对引汉济渭项目建设提出了一些有关于生态环境的保护措施，主要包括以下几个方面：①加强生态环境保护。②强化水环境保护措施。③严格落实大气污染防治。④严格落实噪声防治措施。⑤落实固体废物污染防治措施。施工期施工场地、营地以及管理站产生的生活垃圾应分类收集后交由当地环卫部门集中处理。⑥编制突发环境事件应急预案，按规定报生态环境部门备案，配备专职环保管理人员，建立健全环境管理制度，加强环保设施管理和日常维护，严防发生突发环境事件。

三、研究综述

本部分主要从跨流域调水工程生态补偿、生态补偿利益相关者、多元化生态补偿三个方面对相关文献进行梳理。

（一）跨流域调水工程生态补偿研究

1. 生态补偿理论研究综述

国外与我国生态补偿概念类似的概念为生态系统服务付费（Payment for Ecosystem Services，PES）或者生态效益付费（Payment for Ecological Benefit，PEB），现阶段 PES 的内涵和理论基础从科斯定理延伸到庇古理论，而后又演变为超越科斯定理和庇古理论的，以经济激励为核心内容的制度安排（Muradian et al.，2010；Kroeger，2013；潘鹤思和柳洪志，2019）。PES 为生态环境保护领域引入了新的资源和激励，比传统的命令—控制措施更有效率（Zhang & Lin，2010）。生态补偿术语起源于生态学理论，而后逐渐演化为具有经济学意义的概念，生态补偿的概念通常交替使用其生态学、经济学含义，难以形成统一的共识。国内学者对生态补偿的研究，主要涉及两个方面：一是生态补偿基本制度研究（曾庆敏等，2019；席晶等，2021）；二是各领域内生态补偿机制研究（王健等，2023）。

20 世纪 80 年代至 90 年代初期，经济学意义上的生态补偿本质上就是生态环境赔偿；90 年代中后期，生态补偿侧重于对生态环境保护、建设者进行财政转移支付等生态效益补偿。俞海和任勇（2008）明确指出，生态补偿不仅包含受益者补偿保护者，而且包含破坏者赔偿受损者，强调根据不同类型问题选择不同政策工具。《环境科学大辞典（修订版）》将生态补偿概念理解为以经济激励为基本特征的制度安排，原则是外部成本的内部化，目的是调节相关利益主体之间的环境及经济利益关系，实现保育、恢复或提高生态系统功能和生态系统服务供给水平。国内经济学范畴的生态补偿已经从单纯对生态环境破坏的赔偿，演化为对生态保护效益的补偿，从而明确定位在生态保护领域，以区别于污染防治（杨光梅等，2007）。李文华和刘某承（2010）将生态补偿定义为依据生态系统服务价值、生态保护者的实际投入成本和机会成本，采取政府工具和市场工具，调整生态保护利益相关者之间环境与经济利益关系的一种公共制度，该制度目的在于保护生态环境、促进实现人与自然的和谐发展。

生态补偿基础理论研究可以追溯到经济学领域关于外部性理论的探讨。英国经济学家庇古认为外部性问题可以由政府解决，外部性即是某种商品生产会使商品生产者和商品消费者以外的第三者得到免费使用的利益或受到无补偿的损失。由于外部性存在而引起的边际私人纯产值与边际社会纯产值的背离，不能靠在租约中或合同中规定补偿办法予以解决。这时，市场机制无法发挥作用即市场失灵。那么必须依靠外部力量，即政府干预加以解决。因而提出通过政府税收手段将外部成本内部化的庇古税理论。科斯则表示虽然传统理论较为深刻地分析了外部性，但是未从产权配置角度予以考察和分析，认为外部性问题可以由市场解决，提出通过市场交易将外部成本内部化的科斯定理。庇古税理论和科斯定理通过政府行为和市场机制两个途径奠定了实现生态补偿的理论基础。

2. 流域生态补偿研究综述

流域生态补偿是生态补偿理论基础上的一种延伸，由于诸多跨流域调水工程的出现，如国外的美国加州补水工程、巴基斯坦西水东调工程和澳大利亚的雪山工程等，国内的南水北调工程、引大济湟工程、引黄入晋工程和引江济淮工程等，国内外学者开始关注跨流域调水工程生态补偿方面的研究。国内跨流域调水工程生态补偿研究主要集中于四个方面：一是跨流域调水工程生态补偿标准方面，李继清等（2021）计算了南水北调中线工程受水区北京市使用南水北调水资源产生的经济效益，在此基础上量化北京市水资源短缺程度，结合支付意愿的费用分析法计算北京市需支付的生态补偿标准。二是跨流域调水工程生态补偿机制方面，张翔（2021）对宁夏中南部调水工程泾源水源区的可持续发展协调能力进行评价，以泾源水源区的生态补偿量计算为重点，确定水源区与受水区之间的补偿量分担比例，并建立生态补偿机制。三是跨流域调水工程生态补偿额测算方面，孙玉环等（2022）测算了南水北调中线工程水源地丹江口库区的生态补偿总额以及各受水区应分别承担的生态补偿额。四是跨流域调水工程生态补偿相关法律问题的探讨，完善我国跨流域调水生态补偿法律体系，应从以下几个方面着手：强化生态补偿在环境保护法中的地位，修改水资源开发利用及保护的单行法；对国家兴建的大型跨流域调水工程可以由国务院出台跨流域调水专门立法，对省际之间区域性调水工程、省内跨市县小型调水工程可以采用区域性立法的方式；跨流域调水生态补偿的法律形式可以多种多样，有关内容和任务亦有不同，但从整体上看，必然形成一个相互联系、协调一致的法律体系（才惠莲，2019）。

（二）生态补偿利益相关者研究

1. 利益相关者理论综述

20 世纪 60 年代，源于企业治理的利益相关者理论逐渐兴起并得到广泛应用，Freeman（1984）指出生态补偿利益相关者可以分成三类：第一类是作为生态系统服务支付方的买方，第二类是作为生态系统服务提供方的卖方，第三类是其他相关的组织或个人。生态补偿利益相关者包含群体较多，除了政府和企业，还有社会团体和居民等。樊辉（2012）认为，公众是公共政策执行的主体，公共政策的执行需要政策制定者与执行者之间的密切合作。在流域管理中充分调动利益相关公众的力量，有利于协调不同利益主体之间的冲突和矛盾。张殷波等（2020）基于管理部门、企业和农户三方利益相关者评估濒危物种价值并实施生态补偿。蓝玉杏等（2020）识别和分析珠海市湿地生态补偿中的湿地破坏者、湿地保护者、湿地保护受损者、湿地受益者和湿地保护推动者等利益相关者，构建珠海市湿地生态补偿机制。

2. 生态补偿主客体研究

我国生态补偿主客体的确定应用了利益相关者分析方法，针对利益相关者的"权、责、利"，利用专家咨询、问卷调查等手段进行分析，学者界定了不同层次的补偿主体和补偿客体（焦士兴等，2023）。中国生态补偿机制与政策研究课题组（2007）提出，从水资源生态系统服务中获益的群体和导致流域水质恶化的利益群体应为流域生态补偿主体；流域上游地区保护流域生态环境的建设者和贡献者应为流域生态补偿的客体。刘江宜（2012）指出流域上游的生态保护行为会使下游的企业与居民得到额外的收益，成为生态保护的受益者；为生态保护建设付出成本、劳动的建设者与管理者，以及因为生态环境遭到破坏而遭受损失的主体，则是生态保护的受损者。刘青等（2012）认为，受益区的政府、居民和社会组织应为生态补偿主体，保护区的政府、生态环境建设者以及居民是生态补偿的对象。胡仪元（2014）提出政府、破坏者及受益者和社会捐助者应为生态补偿的支付主体；生态环境保护和建设的受损者，生态和建设的贡献者、利益分享者应为生态补偿的接受主体。沈满洪等（2015）界定的流域生态补偿主体包括政府、施害者、用水户以及保险公司等中介组织，界定的流域生态补偿客体包括上游政府、由于产业调整而遭受损失的企业和农民、从事生态建设的居民等。李宁（2018）提出流域生态补偿主客体界定应以区域的流域水资源使用量作为界定依据，如果区域实际使用水资源量超过可用水资源总量，那么区域就过度使用了流域水资源或挤占使用了其他区域的流域水资源，应当被界定为流域生态补偿的主体；如果区域实际使用水资源量小于可用水资源总量，那么区域就节约使用了流域水资源或被其他区域挤占使用了流域水资源，应当被界定为流域生态补偿的客体。

总之，生态补偿各种利益相关者之间合作的前提和基础是补偿主客体权属关系的界定。生态补偿利益主体以对话协商和协议的形式，明确补偿标准，确定补偿主体的赔偿和补偿责任。生态补偿的实质就是通过借助市场平台进行权属成本转让或是体现超越权属边界范围的行为成本来内部化生态外部效益（蒋毓琪和陈珂，2016）。

（三）多元化生态补偿研究

Deal 等（2012）认为，公共部门已注重利用 PES 计划中多个受益者的资金进行融资。Coq 等（2015）研究了哥斯达黎加的环境服务付款方案，发现支付方包括林业部门组织、农业组织、私营企业、公众、环保组织、国家海洋局和相关学术研究机构。Smith 等（2006）的实验研究结果表明，在多数情况下多个生态服务购买者可以成功地协商出相互都能接受的补偿分担量和付款时间表。杨爱平和杨和焰（2015）立足于国家治理的理论视角，提出要构建政府、市场、社会共同参与的补偿模式，建立健全多元组合的流域生态补偿体系。巩芳（2015）根据利益相关者分析范式构建了草原生态四元补偿主体模型，并按时间分为政府主导型、草原生态受益者主导型、自觉型三个补偿时期。张明凯（2018）通过对比流域生态补偿多元融资渠道融资效果系统动力学模型的五种仿真模拟结果发现，单一资金来源不能实现生态补偿目的，而多元融资渠道能够发挥较好的效果。

（四）研究述评

通过对现有文献的综述可见，学者对生态保护补偿中的核心问题，如"谁应该负责补偿""如何确定补偿金额"等展开了广泛的讨论，取得了丰硕的研究成果，但侧重点存在差异。国外对生态服务的研究侧重于支付者的环境需求，在研究与应用中注重发挥市场在补偿资源配置中的作用，政府、上下游居民、企业、协会以及社区等群体参与广泛。国内研究注重自上而下的体系构建，理论研究中对于跨流域生态补偿的补偿主体、受偿主体、补偿客体界定、补偿标准核算、补偿方式选择等方面还处在进一步深化阶段。在实践中，以政府补偿为主的补偿方式存在明显问题，如补偿主体单一、市场和社会力量参与不足等，制约了生态补偿成效的充分发挥。

近年来，学者对跨流域调水工程水源区生态保护补偿中利益相关者行为进行了广泛研究，也取得了一些积极的研究成果。然而，对于多主体参与生态补偿的制度供给方面的研究仍然较少。具体而言，首先，在研究跨流域调水工程水源区生态补偿的主体时，对不同补偿主体的利益价值取向研究不够深入，缺乏对不同补偿主体之间基于公共利益互动与合作的利益趋同和利益共容角度的探讨。其次，关于责任分担，对不同补偿阶段以及地区内部政府、企业和社会公众作为补偿主体的责任分担研究相对较少。最后，关于如何协调政府、企业和社会公众的共同参与以实现多元主体协同补偿的研究较少涉及。

四、水源区生态补偿模式及实践

（一）水源区生态补偿模式研究

水源区生态补偿主要包括政府直接公共补偿、限额交易补偿、私人直接补偿和生态产品认证补偿四种典型模式。

1. 政府直接公共补偿模式

政府直接公共补偿模式是由政府直接向水源区的个人或者法人提供某种方式的经济补偿行为，这是最普通的生态补偿方式。例如，在美国田纳西州的水源区管理计划中，由美国政府通过购买生态敏感土地以建立自然保护区，对保护区以外能提供重要生态服务的农业用地实施土地休耕计划，并对区域内的农场主进行直接补贴以达到改善水质和保护水源区生态环境的目的。

2. 限额交易补偿模式

限额交易补偿模式是对受水区的生态补偿信用额度进行评价，并以此作为不同受水区获得水资源使用权的衡量标准，这种使用权一般通过市场进行交割，在市场交割中水源区获取利益，以达到对水源区进行生态补偿的目的。

3. 私人直接补偿模式

私人直接补偿模式是由受水区的单位或个人出于慈善、风险管理等目的而对水源区某一特定对象进行补偿的行为。

4. 生态产品认证补偿模式

生态产品认证补偿模式是一种间接支付生态服务的价值实现方式，主要指对生态环境友好型的产品进行标记，如有机食品、绿色食品的认证。通过生态产品认证标记，体现该产品保护生态的附加值，从而体现生态环境保护的效益。国外具有生态标记的农产品和木材等已经逐渐成为消费的热点，价格通常为普通产品的两倍以上，其中包含了对可持续生产、环境友好发展方式的补偿。

（二）经典实践案例及经验

在水源区生态补偿的实践方面，国外起步较早。目前流域生态服务框架已经在许多国家建立，其中美国、哥斯达黎加、厄瓜多尔、哥伦比亚、墨西哥等在这方面做得比较到位。

1. 国外案例及经验

国外关于水源区生态补偿的实践经验主要包括以下几个方面：

（1）政府与市场作用并存。在生态补偿过程中，政府的主导作用主要体现在制定法律规范和制度、宏观调控、政策和资金支持上，以解决市场难以自发解决的资源环境问题。而市场是生态补偿机制有效运转的关键，可以调动社会力量。在美国卡茨基尔河和特拉华河上游地区的生态补偿过程中，政府的作用更多表现在宏观方面；日本建立了水源林基金，由河川下游的受益部门采取联合集资方式补贴上游的水源涵养林建设；还有一些国家通过对污染者和受益者收费来积累资金，用于生态环境建设和流域管理。

（2）通过区域合作，建立受水区与水源区有效的协调与合作机制。例如，贯穿欧洲多国的莱茵河，由于过度开发，一度成为"欧洲的下水道"，污染状况引起了国际社会的高度重视。后来，通过成立保护莱茵河国际委员会、莱茵河水文委员会、莱茵河流域水处理厂国际协会等国际组织，建立有效的合作机制，实施流域综合管理，注重生态修复，从而维持了河流生态系统健康。

（3）建立健全水源区生态补偿的相关法律法规，从而确保水源区生态补偿有法可依。充分发挥公众参与的力量，促进形成有效的水源区生态补偿问题协商机制。

2. 国内案例及经验

国内流域生态补偿的实践大致可以分为两类：一是政府主导型，二是准市场型。

（1）政府主导型。新安江流域作为钱塘江的重要源头，为了确保上游地表水水质和城镇集中饮用水源水质达标，安徽、浙江展开了首例对跨省流域水环境补偿机制探索。其补偿方式为中央财政出资 3 亿元和两省地方财政各出资 1 亿元，设立补偿基金，两省政府各自落实补偿资金、数据监测和政策。同时，该实践对我国跨省界流域生态补偿的研究有着重要意义。在福建省闽江流域，为了治理上游水污染，使流域水质达标，福州市政府拨款 1000 万元以及上游两市的地方政府每年各出资 500 万元用于上游生态建设。通过补偿实践，闽江水质明显改善，但实际补偿资金仍不能满足上游的环保需求。东江流域的下游为广东省及香港地区，为保障饮用水水质安全，广东省政府每年安排 1000 万元用于水源涵养林建设，考虑到多渠道多层次地筹集资金，建立多元化补偿主体是一项非常复杂的工作，涉及许多部门和领域，使东江流域上游地区补偿资金到位慢。

（2）准市场型。浙江省义乌—东阳建立水权市场，上游东阳市将横江水库 5000 万立方米的永久使用权转让给了下游东阳市，并收取 4 元/立方米的转让费以及 0.1 元/立方米综合管理费，通过水权交易使东阳市获得了更高标准的水质，东阳市获得了经济收益。江苏太湖排污权交易方面，2008 年，江苏省针对太湖流域实行排污权由无偿转让到有偿交易的转变，对化学需氧量（COD）、氨氮和总磷的污染物的排放进行收费，如 COD 为 4500 元/（年·吨），并打造排污权动态数字交易平台。河北省在子牙河流域内五个市区实施了子牙河流域生态补偿机制，推行跨界断面目标考核和生态补偿基金扣缴制度，并将 COD 的排放价格由 0.7 元/千克提高到 1.4 元/千克。2008 年 9 月，五个市区的 14 个监测断面 COD 浓度均从过去的 1000 毫克/升下降到 200 毫克/升以内，截至 2009 年 3 月底共扣缴补偿金 1430 万元。

目前，我国对于流域生态补偿的研究主要集中于概念理论研究、补偿标准金额研究上，关于流域水生态补偿标准的量化研究还处于探索阶段，缺乏成熟完备的计算体系，理论和实践方面均有待完善。受地域及流域管理特征复杂性的限制，范式化的生态补偿标准计量方法难以实施。结合当前模型以及数字化技术的发展，寻求关键控制因子与生态补偿标准之间的关系，成为减小不确定性因素影响，提高流域生态补偿标准准确性的关键。

第二章　理论基础与多元利益主体分析

　　跨流域调水工程可以改善受水区的生态状况和人民生产生活用水紧缺状态，有效促进受水地区生态改善和工农业发展；同样，跨流域调水也势必会对水源区的水资源、生物、气候乃至居民生产生活产生影响，实际上造成了受水区受益和水源区承担生态保护成本的空间错配格局，也引发了跨流域调水工程水源区生态补偿问题，其实质是水源区和受水区的成本收益空间错配问题。跨流域调水工程水源区生态补偿涉及的主体较多，包括政府、居民、企业以及非政府组织等，这要求必须基于利益相关者理论对水源区生态补偿主体进行全面系统的分析和梳理，找出核心利益相关者。

一、生态补偿理论基础

　　国内外对生态补偿理论基础的研究，主要集中在生态资源价值论、外部性理论、产权理论和公共产品理论四个方面，国内研究是在国外研究成果的基础上结合我国实际状况展开的。

（一）生态资源价值论

生态资源价值论的确立有两种理论依据：一种是西方经济学中的"效用价值论"；另一种是马克思的"劳动价值论"。效用价值论最早表现为一般效用论，其主要观点是一切物品的价值都来自它们的效用，用于满足人的欲望和需求，于 19 世纪 70 年代演化为边际效用论。边际效用论认为价值源于效用，是以物品的稀缺性为条件，效用和稀缺性构成了价值得以体现的充分条件，只有在物品相对人的欲望来说稀缺的时候，才能形成价值；某种物品越稀缺，同时需求越强烈，那么边际效用就越大，价值就越大，反之就越小。效用价值表现的是人对物的判断，它将交换价值解释为个体在充分考虑物的稀缺性条件下对其效用的评价。根据这一理论，效用是价值的源泉，价值取决于效用、稀缺两个因素，前者决定价值的内容，后者决定价值的大小。西方环境价值理论是构建在效用价值理论基础之上的。该理论认为生态环境的价值源于其效用，即在生态环境稀缺性条件下其满足人类生态环境需求的能力及对其的评价，生态环境是一种不可或缺的生产要素。

马克思的劳动价值论认为，没有经过人类劳动的环境资源没有价值。但随着人类认识客观事物的深化，环境资源虽然没有绝对价值（指直接通过人类劳动创造的价值），但是具有相对价值（指间接通过人的劳动创造的价值），因此，以相对价值来表示环境具有价值是符合客观实际，即生态环境中凝结的人类抽象劳动，表现为人类在发现、培育、保护和利用生态环境、维护生态系统潜力等过程中的劳动投入。因此，从劳动价值论的角度来看，环境也是存在价值的。此外，根据级差地租理论，生态环境差别性地租体现在其不同的价值，其级差地租源于生态环境的优劣导致的等量资本投入等量生态环境中产生的社会生产价格和个别生产价格的差异。生态环境的级差地租可分为两类：一类是由地理环境和生态环境丰裕度不同导致的级差租；另一类是由各种投入的生产效率差异带来的级差租。

国内许多学者从稀缺论和劳动价值论角度对生态资源价值进行了研究。张建国（1986）指出，劳动价值论是森林等生态资源效益评估的基础，稀缺理论则是对评估依据的有益补充。李金昌（1999）指出，环境价值的本质在于环境有益于人类，价值大小与环境的稀缺性和环境的开发、使用条件相关。聂华（1994）、谢利玉（2000）和胡仪元（2009）以分析物化在生态资源生产过程的社会必要劳动时间为起点，阐述生态资源具有的使用价值与非使用价值两种基本属性，概括出生态资源的劳动价值论，指出生态资源价值、价格理论是生态补偿及其相应价格决定的理论依据。丁任重（2010）强调，自然生态环境的价值多重性及其构造与功能的系统性，决定了现有资源价值体系难以涵盖其价值的全部，为了尽可能完整地体现其价值，保持其良性发展和正常功能的发挥，有必要实施生态补偿。综上所述，生态资源价值论明确了生态资源的重要价值，为生态补偿及其标准的确立提供了重要的理论支撑。

（二）外部性理论

生态补偿的另一个重要理论基础就是外部性理论，进行生态补偿的直接原因就是内化生态保护的外部性，而生态环境保护努力不足的根源也在于生态保护过程中生产的外部性。在现代经济学中，外部性是一个出现较晚，但越来越重要的概念。

事实上，外部性理论起源于对正外部性的关注和探讨。西奇威克早在有关灯塔问题的研究时就认识到外部性的存在，并认为解决外部性问题需要政府的干预。通常认为，外部性概念源于经济学家马歇尔提出的"外部经济"。之后，Pigou（1920）研究了经济活动经常存在的私人边际成本与社会边际成本、边际私人净收益与边际社会净收益的差异，断定不可能完全通过市场模式优化各种资源的配置，从而实现帕累托最优水平，Pigou以灯塔、交通、污染等问题的案例分析佐证了自己的观点和理论，指出外部性反映一种传播到市场机制之外的经济效果，该效果改变了接受厂商产出与投入之间的技术关系，这种效果要通过政府的税收或补贴来解决。至此，静态外部性的理论轮廓基本成形，庇古税开始成为依赖政府干预消除经济活动外部性的理论依据。"谁破坏、谁补偿"原则、污染者付费制度等都是庇古税在现实中的应用。

我国学者盛洪（1995）运用博弈论模型解释了外部性更具一般性的意义，认为人类社会始终存在的个体理性与群体理性的差异以及由此产生的个体最优与群体最优的偏差就是外部性，外部性的危害不仅导致了人与人之间在成本收益分配上的冲突和扭曲，而且因为这类难以矫正的扭曲的存在，无法实现能够避免社会损失或带来更大社会收益的制度安排，也就是社会成员之间的合作。盛洪将外部性问题的实质概括为，外部性使社会成员的个体理性无法消除外部性和实现社会潜在收益。

（三）产权理论

1924 年，奈特开创性地拓展了外部性研究的视野，他重新审视了 Pigou 所研究的"道路拥挤"问题，认为缺乏稀缺资源的产权界定不清晰是"外部不经济"的真实原因，他认为可以采用将把稀缺资源赋予私人所有的方法来克服"外部不经济"问题。奈特的研究为外部性的产权理论发展奠定了基础。1960 年，新制度经济学奠基人科斯提出了交易成本的范畴，虽然没有对外部性进行界定，但是扩展了奈特等的研究思路，认为由于交易成本的存在，凭借稀缺资源产权的完全界定克服外部性几乎难以实现。在科斯的观点中，外部性具有相互性，并不是纯粹的一方损害另一方（负外部性）或者一方让利另一方的单向效应，因此不存在课税一方、补贴另一方的明确取向；在交易成本为零的情况下，明晰的产权会使双方达成交易，实现社会最优，根本不需要政府庇古税或补贴的干预；在交易成本不为零的情形下，如果产权市场交易的交易成本低于庇古税或补贴的管理成本，明晰产权并凭借双方自愿协议或产权市场交易是有效率的制度安排，如果相反，交易成本高于管理成本，庇古税或补贴等政府干预措施则是有效的路径。当然，两种路径进行成本—效益比较的前提是：无论是交易成本还是管理成本，都小于外部效应存在时产生的社会福利损失。科斯对产权界定问题的研究得出的科斯定理就是对现实中存在的典型环境污染问题案例的总结。经过科斯等的努力，产权经济学逐渐成形，交易成本、产权成为外部性研究的又一种经典理论工具。

我国学者常修泽（2009）认为，以交易成本分析的方法，即通过建立资源环境产权制度可以解决环境污染的外部性等问题，有助于克服和缓解我国资源环境领域的矛盾。马永喜等（2017）基于产权理论对流域生态环境产权进行了明确界定，科学厘清了生态保护投入补偿和污染补偿，针对性地提出了流域上下游生态补偿的标准和内容。邱宇等（2018）认为，在明确排污权的前提下，通过市场机制解决外部性问题可以提高上游地区流域生态环境保护的积极性，实现流域水资源的最优利用。李宁（2018）指出，只有生态资源产权明晰，才能厘清生态资源与经济主体之间的责任关系，从而判断经济主体在生态补偿中的主客体身份，使利益相关方支付或获得补偿。可见，产权理论是生态补偿机制构建的重要理论基础，生态资源产权的清晰界定是生态补偿各利益相关主体支付补偿或获得补偿的重要前提和基础。

（四）公共产品理论

生态环境保护具有更广义的公共产品属性，这也是生态环境保护不足、需要进行生态补偿的根源之一。本部分主要从公共产品的概念演化和分类、公共产品效率损失以及公共产品供给方式三个方面对公共产品理论进行综述。

公共产品是相对于私人物品而言的，其内涵事实上就是非私人物品。实际上，无论是新古典学派还是制度学派，都没有将俱乐部及集体物品列入纯公共产品的范围，但学术界却习惯将公共产品概念扩展为涵盖俱乐部物品、集体物品以及其他类似物品在内。不同学者依据公共使用、可分性程度、交易、相对成本，以及排他性与竞争性等各自不同的标准，从不同的角度刻画物品的本质属性，并且得出私人物品之外，包含纯公共产品、俱乐部物品和公共资源在内的、广义公共物品的多种性质。

现代经济学意义上的公共产品最初是由林达尔正式提出，后由萨缪尔森等加以系统化的发展。福利经济学家庇古在理论上对公共产品理论进行了进一步的拓展和深化，使之成为福利经济学的一个基本问题。

被普遍接受的一种公共产品概念和内涵是由萨缪尔森采用的排他性和竞争性标准界定的，Samuelson（1954）指出，公共产品的个体消费不会导致其他人对该物品消费的减少，同时也不能有效排除某一个个体对该物品的消费，萨缪尔森界定的是非竞争性和非排他性显著的纯公共物品。之后，詹姆斯·布坎南将具有非竞争性和排他性的物品描述为俱乐部物品，认为这是一种集体消费所有权的安排，俱乐部物品又称自然垄断物品，而俱乐部物品理论也就是萨缪尔森提出的合作成员理论。俱乐部物品理论包含不同数量成员之间分配消费所有权的研究，弥补了萨缪尔森在纯私人物品和纯公共产品之间的理论缺口，能够涵盖公共产品、私人物品和混合物品等所有物品。

另一种广义的公共产品是奥斯特罗姆描述的具有竞争性和非排他性的公共池塘资源，简称公共资源。关于自主组织的公共资源治理，奥斯特罗姆主张基于其占有与供给现状，多层次分析制度构成，通过正式、非正式的集体选择协商，即自主组织行为，明确公共资源的操作细则，解决公共资源面临的新制度供给、可信承诺以及相互监督三大问题。至此，获得广泛认可的物品四分法得以形成。N. 格里高利·曼昆将物品最终分为纯公共产品、公共资源、自然垄断物品和私人物品四类。

综上所述，国内外生态补偿理论基础的研究主要集中在生态资源价值论、外部性理论、产权理论和公共产品理论，并就此取得了广泛的共识。在生态补偿制度中，生态资源价值论是生态补偿机制构建的价值基础，也是补偿标准确定的理论依据；环境资源产权状况是生态补偿的法理基础；不同的公共产品属性是生态补偿政策工具选择的前提条件；外部性是生态补偿问题的核心。这四个理论相互补充、相互支撑，共同构成了生态补偿制度的基础理论体系。

二、水源区生态补偿多元主体的确定

党的十九届四中全会提出，到 2035 年要基本实现国家治理体系和治理能力现代化的目标，而现代化的环境治理体系需要形成政府为主导、企业为主体、社会组织和公众共同参与的多元共治格局。跨流域调水工程水源区生态补偿作为跨流域环境政策体系的重要组成部分，也必须内嵌于生态环境治理体系和治理能力现代化的宏大叙事之中。

跨流域调水工程水源区生态补偿实质上是通过重新配置各流域环境资源，调整相关者之间的利益关系，从而将各流域生态服务外部性进行内部化的一种政策工具。设计跨流域调水工程水源区多元主体协调机制的前提是明确补偿中相关利益主体的权利与责任，界定流域生态补偿的补偿主体和受偿主体。2016 年国务院办公厅发布的《关于健全生态保护补偿机制的意见》提出了"权责统一、合理补偿""谁受益、谁补偿""科学界定保护者与受益者权利义务"等原则和要求，为跨流域调水工程多元主体的确定提供了顶层设计和思路选择。

（一）水源区多元化生态补偿利益相关者定性识别

利益相关者（Stakeholder）理论兴起于 20 世纪 60 年代，在欧美国家的企业经营实践中不断发展和完善，经历了利益相关者"影响—参与—治理"的过程。利益相关者理论以存在核心主体、核心目标以及目标实现过程中的相关主体和被影响主体为情景条件，认为企业追求的不仅是某些主体的利益，而且是利益相关者的整体利益，其组织目标的实现依靠多个利益主体之间利益关系的合理协调与管理。利益相关理论的实质是通过对利益相关者多重利益进行科学合理的协调安排，实现既定的组织目标。

目前，利益相关者理论被逐渐应用于公司治理、企业伦理、项目管理等诸多领域。项目管理视角的利益相关者，即项目利益相关者是指那些介入项目活动，其利益可能由于项目执行或项目成功完成与否受到积极或消极影响的个人或组织（程静，2004），其在项目进行中相互作用、相互影响，彼此交换信息、资源和成果。项目利益相关者分析是项目社会评价、经济评价和环境评价的重要方法和内容。当前，项目利益相关者分析已经成为国际上投资项目发展领域十分重要的分析工具。世界银行、亚洲开发银行等国际机构和组织在其贷款项目的评价指南中明确规定，项目决策时必须进行项目利益相关性分析，并具体规定了一系列的利益相关者分析的指导原则。国家发展改革委于2002年印发的《投资项目可行性研究指南（试用版）》和2006年颁布的《国家高技术产业发展项目管理暂行办法》，都正式提出投资项目的实施需要进行利益相关者分析。

利益相关者理论研究的一个重要方面就是对利益相关者的界定。西方学者对利益相关者的界定经历了一个"窄定义—宽定义—多维细分—属性评分"的过程（贾生华和陈宏辉，2002）。自20世纪90年代以来，多维细分法在利益相关者界定中逐渐成为最常用的工具。Mitchell等（1997）根据选定的合法性、权力性和紧迫性这三个属性将企业的利益相关者分为确定性利益相关者（Definitive Stakeholders）、预期性利益相关者（Expectant Stakeholders）和潜在的利益相关者（Latent Stakeholders）。

因为聚焦于跨流域调水项目的水源区和受水区生态补偿机制优化问题，所以通过借鉴利益相关者管理理论中较为成熟的界定分类方法，并根据项目的实际情况，从三个定性的因素进行考虑：一是利益关系，即某一群体和投资项目之间形成的利益性质和关系程度，利益主体间的利益分配及各主体对利益多少的追求，是利益关系演变的动力所在，因而利益关系总表现为经常调整和变动的现实关系。二是影响力，即某一群体对项目决策的影响能力，或者受项目影响的程度，发生在项目利益相关者之间的影响是双向的，对其影响力的判断也应该是双向的。三是紧迫程度，即某一群体的利益要求受到项目管理层关注的程度。相关利益者和项目之间的利益关系是一个动态变化的过程，利益相关者的状态并不具有"固定的特征"。

本章选定中央政府、受水区地方政府、受水区沿线企业、受水区沿线住户、水源区地方政府、水源区沿线企业、水源区沿线住户、环保非政府组织（NGO）、研究机构、公众媒体、金融机构、其他行业利益相关者12类利益相关者作为初始利益相关者进行分析，具体如图2-1所示。运用法学中的利益位阶概念和利益共容理论，对其利益诉求的优先性和利益趋同性进行分析，进而界定跨流域调水工程水源区生态补偿的多元主体及其核心利益诉求。

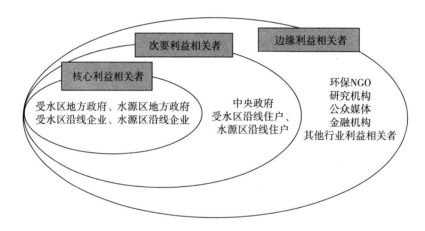

图2-1　跨流域调水工程多元化生态补偿利益相关者

（二）水源区生态补偿利益相关者利益位阶测度方法

跨流域调水工程水源区生态补偿涉及不同类别的利益相关者，每个利益相关者关注的利益也不止一项，当各项利益存在冲突时，哪一种利益应当优先得到实现，是协调不同利益相关者共同进行生态补偿的突破点。本章引入利益位阶概念，所谓利益位阶，就是指各种民事利益的顺位排列。《中华人民共和国民法典》中的利益位阶是解决利益冲突的根本之道，实际上就是用价值判断来解决权益保护的先后顺序问题，尽可能最大限度地满足各利益相关者的利益要求，从而寻求并接近某些重要利益维护与其他相关利益最小牺牲之间的最佳平衡点。为了缓解水源区生态补偿利益相关者的利益冲突，促进相关利益者之间的最大化整合，本章对水源区生态补偿利益相关者的利益位阶进行测度，并通过利益平衡分析水源区生态补偿利益相关者的利益共容。

1. 测度方法

通过利益位阶表描述跨流域调水工程水源区多元化生态补偿利益相关者在各个指标上的位阶。假设分别有 n 个利益相关者和 x 对衡量指标，构成了如表 2-1 所示的利益位阶表。

表 2-1　利益相关者利益位阶

利益相关者	指标 1	⋯	指标 m	⋯	指标 x	利益相关性	指标 x+1	⋯	指标 x+m	⋯	指标 2x
利益相关者 1	P_{11}	⋯	P_{1m}	⋯	P_{1x}	A_1	P'_{11}	⋯	P'_{1m}	⋯	P'_{1x}
利益相关者 2	P_{21}	⋯	P_{2m}	⋯	P_{2x}	A_2	P'_{21}	⋯	P'_{2m}	⋯	P'_{2x}
⋮	⋮	⋮	⋮	⋮	⋮	⋮	⋮	⋮	⋮	⋮	⋮
利益相关者 t	P_{t1}	⋯	P_{tm}	⋯	P_{tx}	A_t	P'_{t1}	⋯	P'_{tm}	⋯	P'_{tx}
⋮	⋮	⋮	⋮	⋮	⋮	⋮	⋮	⋮	⋮	⋮	⋮
利益相关者 n	P_{n1}	⋯	P_{nm}	⋯	P_{nx}	A_n	P'_{n1}	⋯	P'_{nm}	⋯	P'_{nx}

其中，指标 m 和指标 $x+m$ 是一对利益衡量指标；利益相关者 t 在指标 m 和指标 $x+m$ 上的位阶分别用 P_{tm}、P'_{tm} 表示，用来衡量一对利益关系；A_t 表示利益相关者 t 在综合指标上的位阶。各利益相关者的利益平衡关系可以通过利益位阶表中的利益位阶数值来进行分析，计算公式为：

$$\gamma_{tm} = \left| P_{tm} - P'_{tm} \right| \tag{2-1}$$

在式（2-1）中，γ 是用来衡量一对指标的位阶对等情况，其大小反映了利益相关者与跨流域调水工程水源区生态补偿之间利益关系的平衡程度。γ 越大，表示越不平衡；若 $\gamma = 0$，则表示利益平衡。

进一步可以求出综合指标与各个指标的位阶对等指数：

$$\varepsilon_{tm} = \sum_{m=1}^{x} \left| A_t - P_{tm} \right| + \sum_{m=1}^{x} \left| A_t - P'_{tm} \right| \tag{2-2}$$

在式（2-2）中，ε 衡量综合指标与各个指标的位阶对等情况，其大小反映了综合利益关系的平衡程度。ε 越大，表示越不平衡；若 $\varepsilon = 0$，则表示综合利益平衡。

2. 测度指标

根据跨流域调水工程水源区多元化生态补偿主体协同研究的需要，本章选取影响力和被影响力、权利和责任两对指标测度利益相关者的利益位阶。影响力和被影响力体现的是利益相关者对跨流域调水工程水源区生态补偿目标实现的影响及其反向影响。权利是指利益相关者在跨流域调水工程水源区生态补偿中所享有的权利和利益，责任是指利益相关者在跨流域调水工程水源区生态补偿中应当承担的职责和任务。跨流域调水工程水源区多元化生态补偿利益与利益相关者综合指标用利益相关性来衡量，其大小为以上四个指标的均值。

（三）水源区生态补偿利益相关者利益位阶测度结果

利用中国生态补偿政策研究中心主办的生态补偿国际研讨会所建立的微信群，以网络调查的形式，邀请了生态补偿领域 90 位专家学者对 12 个利益相关者在影响力、被影响力、权利、责任四个指标的重要性程度进行由大到小排序，共回收有效问卷 75 份，分别来自全国 12 个省份。

水源区多元化生态补偿利益相关者利益位阶的测度结果如表 2-2 所示。可以看到，对跨流域调水工程水源区生态补偿影响力最大的利益相关者为中央政府，随后为水源区地方政府、受水区地方政府，其他行业利益相关者影响最小。水源区地方政府是受到水源区生态补偿影响最大的利益相关者，随后为受水区地方政府，公众媒体受到的影响最小。中央政府在水源区生态补偿中是权利最大的利益相关者，其他行业利益相关者的最小。受水区地方政府是跨流域水源区生态补偿中责任最大的利益相关者，其他行业是最小的利益相关者。通常优先实现的是利益相关性序位在前的利益相关者的利益。整体来看，在12 个跨流域调水工程水源区生态补偿利益相关者中，与水源区生态补偿实施利益相关性最大的利益相关者为水源区地方政府，随后为受水区地方政府，最小的为公众媒体。

表 2-2　跨流域调水工程水源区多元化生态补偿利益相关者利益位阶

利益相关者	影响力	权利	利益相关性	被影响力	责任
水源区地方政府	2	3	1	1	5
受水区地方政府	3	2	2	2	1
水源区沿线企业	4	6	3	5	6
受水区沿线企业	5	4	4	6	2
中央政府	1	1	5	9	4
水源区沿线住户	10	11	6	3	7
受水区沿线住户	11	10	7	4	3
金融机构	6	4	8	7	8
环保 NGO	8	9	9	8	10
公众媒体	7	8	10	12	9
研究机构	9	7	11	10	11
其他行业利益相关者	12	12	12	11	12

接下来进一步进行利益平衡分析，将跨流域调水工程水源区多元化生态补偿利益相关者利益位阶表中的数值代入式（2-1），得到影响力和被影响力指标上的平衡程度 γ_1、权利和责任指标上的平衡程度 γ_2，代入式（2-2），得到综合利益关系的平衡程度 ε。利益平衡分析结果如表 2-3 所示。

表 2-3　跨流域调水工程水源区生态补偿利益相关者利益平衡分析结果

利益平衡指标	水源区地方政府	受水区地方政府	水源区沿线企业	受水区沿线企业	中央政府	水源区沿线住户	受水区沿线住户	金融机构	环保NGO	公众媒体	研究机构	其他行业利益相关者
γ_1	1	1	1	1	8	7	7	1	0	5	1	1
γ_2	2	1	0	0	3	4	7	4	1	1	4	0
ε	7	2	9	5	13	13	14	7	3	8	7	1

从影响力和被影响力方面的利益平衡分析结果看，中央政府（$\gamma_1=8$）的利益位阶最不平衡，随后为水源区沿线住户（$\gamma_1=7$）、受水区沿线住户（$\gamma_1=7$）、公众媒体（$\gamma_1=5$）等。结合表2-2，水源区沿线住户、受水区沿线住户的影响力位阶分别为10、11，被影响力位阶分别为3、4，表明尽管沿线住户对跨流域调水工程水源区生态补偿的实施影响较小，但受跨流域调水工程水源区生态补偿影响非常大，他们在跨流域调水工程水源区生态补偿过程中几乎没有话语权和决定权，他们的生产和生活却受到跨流域调水工程水源区生态补偿政策的巨大影响，其利益位阶的不对等说明沿线住户在跨流域调水工程水源区生态补偿中处于弱势和被动地位，应对其给予足够的关注。相反，中央政府的影响力位阶为1，被影响力位阶为9，说明中央政府对跨流域调水工程水源区生态补偿的影响很大，但受跨流域调水工程水源区生态补偿的影响很小，说明中央政府在推动跨流域调水工程水源区生态补偿中处于非常主动和强势的地位。公众媒体的影响力位阶为7，被影响力位阶为12，说明媒体在宣传生态补偿政策等方面具有巨大影响，应当充分发挥媒体在跨流域调水工程水源区生态补偿中的作用。

从权利和责任方面的利益平衡分析结果看，在权利和责任指标上跨流域调水工程水源区生态补偿利益相关者的利益位阶仅有水源区沿线企业、受水区沿线企业以及其他行业利益相关者较为均衡（$\gamma_2=0$），说明权责不对等是目前跨流域调水工程水源区生态补偿面临的较大问题。结合表2-2可以看出受水区沿线住户的权利位阶为10，责任位阶为3，说明在跨流域调水工程水源区生态补偿中水源$\gamma_2=7$区的沿线住户承担很大的生态补偿责任，他们的权益往往也会遭受损失，应是生态补偿中着重平衡的利益关系。研究机构（$\gamma_2=4$）、金融机构（$\gamma_2=4$）的权责不对等也较为明显，它们作为生态服务的受益者均应负有生态补偿责任，但目前参与还较少，应当赋予投资机构一些特许经营权、环境交易权和收益权等，赋予研究机构参与权、监督权以及评价反馈权，激励它们主动参与。相反，中央政府（$\gamma_2=3$）则应下放部分权利给地方政府、赋予其他主体相应权利，引导社会力量积极参与跨流域调水工程水源区生态补偿。

在综合利益平衡分析方面，跨流域调水工程水源区生态补偿 12 个利益相关者的综合利益均不平衡（$\varepsilon > 0$）。其中，受水区沿线住户、水源区沿线住户综合利益关系值分别为 14、13，中央政府综合利益关系值 $\varepsilon = 13$，随后是水源区沿线企业（$\varepsilon = 9$）。由表 2-2 可以看出，受水区沿线住户和水源区沿线住户的利益相关性位阶分别为 7 和 6，其影响力和被影响力位阶、权利和责任位阶都极不平衡，在跨流域调水工程水源区生态补偿过程中势必会损害沿线住户的利益，使他们参与生态补偿和生态保护的积极性降低。中央政府的综合利益不平衡，其在跨流域调水工程水源区生态补偿中处于强势的地位，应适当下放部分权利，降低政府的主导地位，构建市场和社会共同参与的跨流域调水工程水源区多元化生态补偿机制。

三、水源区生态补偿多元主体价值取向和利益趋同分析

多元主体利益趋同分析是整个生态补偿机制研究的关键。跨流域调水工程水源区生态补偿主体是受水区生态服务的直接或间接受益者。在甄别跨流域调水工程水源区生态补偿多元主体时，不仅要从经济学角度，依据"受益者补偿"原则考量，而且应从管理学角度，考虑由于所处的角色地位、责任和义务不同所表现的利益取向差异。

（一）水源区生态补偿利益相关者的价值取向

各利益相关者影响力和被影响力、权利和责任不同，其所处的角色地位、目标任务不相同，因此他们的价值取向也存在较大的差异，分析其价值取向是

对他们进行利益协调的前提。在对跨流域调水工程水源区生态补偿利益相关者的利益位阶进行评价的同时，也邀请各位专家对生态系统服务的生态价值、经济价值、社会价值相对于 12 个利益相关者的重要性分别进行了排序。

从表 2-4 中可以看出，有 45 人（占 60%）认为中央政府的价值取向为生态价值，35 人（占 47%）认为受水区地方政府价值取向为生态价值，39 人（占 52%）认为水源区地方政府价值取向为生态价值；有 57 人（占 76%）认为受水区沿线企业的价值取向为经济价值，有 55 人（占 73%）认为水源区沿线企业的价值取向为经济价值，有 66 人（占 88%）认为金融机构的价值取向为经济价值，有 53 人（占 71%）认为受水区沿线住户的价值取向为经济价值，有 48 人（占 64%）认为水源区沿线住户的价值取向为经济价值；有 61 人（占 81%）认为公众媒体的价值取向为社会价值，有 54 人（占 72%）认为环保NGO 的价值取向为社会价值，有 46 人（占 61%）认为研究机构的价值取向为社会价值，有 38 人（占 51%）认为其他行业利益相关者的价值取向为经济价值。

表 2-4 跨流域调水工程水源区多元化生态补偿利益相关者的价值取向

项目	生态价值		经济价值		社会价值	
	人数	占比（%）	人数	占比（%）	人数	占比（%）
中央政府	45	60	3	4	27	36
受水区地方政府	35	47	16	21	24	32
受水区沿线企业	3	4	57	76	15	20
受水区沿线住户	9	12	53	71	13	17
水源区地方政府	39	52	11	15	25	33
水源区沿线企业	4	5	55	73	16	22
水源区沿线住户	13	17	48	64	14	19
环保 NGO	18	24	3	4	54	72
研究机构	27	36	2	3	46	61
公众媒体	8	11	6	8	61	81
金融机构	5	7	66	88	4	5
其他利益相关者	7	9	38	51	30	40

在跨流域调水工程水源区生态补偿中，中央政府最为关注的是具有公共性、惠及整个国家及社会公众的生态价值；受水区地方政府和水源区地方政府作为地方相关群体的利益代表，除了关注重要的生态目标，也会兼顾水源区生态服务经济价值和社会价值的实现。沿线企业、沿线住户、金融机构以及其他行业利益相关者等市场主体都是以追求经济利益最大化为目标的，最为关注经济价值。公众媒体、环保 NGO、研究机构除了关注水源区生态服务基本的生态功能，更为关注的是与它们相关的社会功能的发挥和价值的实现。

（二）水源区生态补偿主体利益趋同分析

跨流域调水工程水源区生态补偿的多元主体间具有网络化、内容多样性和交互性特征，其实施需要在各相关主体之间实现利益的协调与共容。共容利益（Encompassing Interest）理论由美国经济学家奥尔森于 1993 年首次提出，该理论认为某个拥有相当凝聚力和纪律的组织或理性地追求自身利益的个人，当他们的收入或损失与社会总产出相关时，他们便有了共容利益，该组织或个人为追求共容利益，在寻求社会收入再分配和自身利益时会比较节制，为了支持有利于全社会的政策与行动甚至还愿意做出牺牲。跨流域调水工程水源区生态补偿是经济性措施，更是社会性措施，社会属性是跨流域调水工程水源区生态补偿的本质属性，因此更应该突出社会性的"约定"机制，需要各主体利用各自优势形成合力，共同参与维护整体利益。跨流域调水工程水源区生态补偿多元主体各自的价值取向、利益诉求是不同的，但可以通过利益相关者合作促使利益趋同，寻找多元主体的利益契合点。

结合前文所述的利益相关者分析，跨流域调水工程水源区生态补偿的多元主体可以分为追求生态效益的政府、追求经济效益的市场主体和追求社会效益的社会公众组织。政府具有"公仆人"的行为特征，追求的是生态公共利益最大化，包括中央政府和地方各级政府。市场主体具有"经济人"的行为特征，追求的是经济利益最大化，包括生产经营用水企业、生活用水居民、投资机构以及购买其他有形生态产品的消费者。社会公众组织具有"生态人"行为特征，在确保生态效益的前提下，追求的是整体社会利益，包括各类环保NGO、公众媒体、研究机构等。虽然主体的利益取向不同，但是却有共同的公共利益，那就是通过参与跨流域调水工程水源区生态补偿，更好地激励生态环境保护行为，以促进水源区生态服务功能的恢复和改善，实现水源区生态服务的可持续利用。不同利益相关者通过对"生态利益、经济利益、社会利益"的利益趋同形成三元补偿主体，三元补偿主体又以水源区生态保护的公共利益为利益契合点，具体如图 2-2 所示。

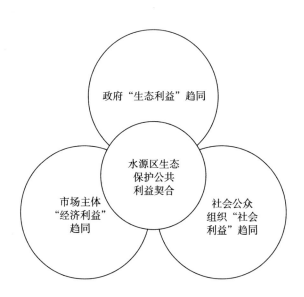

图 2-2　跨流域调水工程水源区生态补偿主体利益趋同示意

同样三元主体也发挥各自的职责与作用。首先，政府在生态补偿中扮演监管与引导的角色。政府的利益在于维护水源区的生态平衡，确保可持续的水资源供应，通过推动生态补偿机制，促使企业和公众更加注重水资源的合理利用，降低生态风险，符合政府长期的水资源管理和环境保护目标。其次，市场主体尤其是企业作为水资源的主要利用者，通过参与生态补偿可减轻对水源区生态系统的不良影响。企业通过支持生态保护，提升自身的社会责任形象，同时确保可持续的水资源供应，符合企业的长远经济和社会利益。最后，社会公众组织在生态补偿中扮演着宣传和监督的角色。通过倡导环保理念、报道生态补偿的实施情况，推动政府和企业更积极地参与生态保护，这也符合社会公众组织关注社会公益和可持续发展的利益追求。

总之，这三个主体在跨流域调水工程水源区生态补偿中的利益趋同表现在共同推动生态平衡、可持续利用水资源、提升社会形象等方面。通过协同努力，各主体实现了在经济、社会和环境层面的共赢，共同促进水源区的生态保护和可持续发展。这种多元主体的合作是实现生态补偿目标的关键之一。也是多元补偿主体责任分担、多元补偿主体协同、多元补偿模式耦合的前提和基础。

四、多元利益主体行为选择

本节主要对市场主体、地方政府主体和社会公众主体的行为选择及其结果进行详细论述和分析，以进一步厘清构建跨流域生态补偿机制的重要性和必要性。

（一）市场主体行为选择分析

市场利益主体对生态资源的过度开发会对其造成破坏，给所有利益主体带来负外部性，并且这种负外部性不仅会损害当代人的利益，而且将损害后代人的利益。这里基于租值耗散理论来分析通过分析生态资源利益主体行为选择及其过度攫取导致的租值耗散问题。

先对理论分析的假设条件进行说明：第一，处于生态资源公共域中的租金是没有排他性和竞争性的，任何生态资源的利益主体都能够非排他的共同攫取。第二，市场利益主体 i 对处于公共域内的租金单位攫取量为 $r_i(i=1,$ $2，\cdots，n)$，被攫取的租金总量为 $R=\sum_{i=1}^{n}r_i$。第三，利益主体 i 对攫取的租金价值主观评价为 $v(R)$，并存在 $v'(R)<0$，$v''(R)<0$，也即生态资源利益主体攫取的租金价值随公共域内的租金的增加呈现递减的趋势降低。第四，利益主体 i 攫取租金的成本为 $c(R)$，并存在 $c'(R)>0$，$c''(R)>0$ 即攫取生态资源公共域内租金的成本随公共域内的租金的增加呈现递增的趋势增加。

第一，讨论 n 个理性利益主体非排他性的攫取净租金 NR 最大时的均衡条件，假设此时 n 个理性的利益主体共同拥有生态资源的使用权和收益权，他们可以非排他和非竞争地攫取处于公共域中的租金，此时生态资源租金净值最大化问题可转化为：

$$\underset{r_i}{Max}NR_i=r_i[v(R)-c(R)] \tag{2-3}$$

$$s.t. \ R=\sum_{i=1}^{n}r_i$$

当利益主体的净租金 NR 最大时，必然存在 $\dfrac{\partial NR_i}{\partial r_i}=0$，即满足一阶条件：

$$v\left(\sum_{i=1}^{n}r_i\right)-c\left(\sum_{i=1}^{n}r_i\right)+r_i\left[v'\left(\sum_{i=1}^{n}r_i\right)-c'\left(\sum_{i=1}^{n}r_i\right)\right]=0$$

从而得到：

$$r_i=\frac{r_i^*\left[v\left(\sum_{i=1}^{n}r_i\right)-c\left(\sum_{i=1}^{n}r_i\right)\right]}{\left[v'\left(\sum_{i=1}^{n}r_i\right)-c'\left(\sum_{i=1}^{n}r_i\right)\right]}$$

再由 $v'(R)-c'(R)<0$、$v''(R)-c''(R)<0$ 可得：

$$\frac{\partial^2 NR_i}{\partial r_i^2}=2\left[v'\left(\sum_{i=1}^{n}r_i\right)-c'\left(\sum_{i=1}^{n}r_i\right)\right]+r_i\left[v''\left(\sum_{i=1}^{n}r_i\right)-c''\left(\sum_{i=1}^{n}r_i\right)\right]<0$$

因此，r_i^* 为唯一的极大值也是最大值，再把 n 个一阶条件相加，可得：

$$n[v(R_0)-c(R_0)]+R_0[v'(R_0)-c'(R_0)]=0 \quad (其中，R_0=\sum_{i=1}^{n}r_i^*)$$

从而得到：

$$[v(R_0)-c(R_0)]+\left(\frac{R_0}{n}\right)[v'(R_0)-c'(R_0)]=0 \qquad (2-4)$$

$$NR_0=\sum_{i=1}^{n}NR_i^*=D_0[v(R_0)-c(R_0)] \qquad (2-5)$$

第二，讨论有且仅有唯一的理性利益主体拥有整个生态资源的排他权利，即将生态资源的使用权和收益权赋予唯一的生态资源利益主体时，该主体对生态资源公共域内租金攫取的最优化问题。一个利益主体的租金攫取量等于 n 个主体之和时的最优化问题可转化为：

$$\underset{R}{\text{Max}}NR=R[v(R)-c(R)] \qquad (2-6)$$

对式（2-6）求 R_1 的偏导数，可得唯一主体收益最大化的条件为：

$$\frac{\partial NR}{\partial R_1}=v(R_1)-c(R_1)+R[v'(R_1)-c'(R_1)]=0 \qquad (2-7)$$

从而得到：

$$R_1=\frac{[v(R_1)-v(R_1)]}{[v'(R_1)-c'(R_1)]}$$

再由 $v'(R)-c'(R)<0$、$v''(R)-c''(R)<0$ 可得：

$$\frac{\partial^2 NR}{\partial R^2}=2[v'(R)-c'(R)]+R[v''(R)-c''(R)]<0$$

因此 R_1 为唯一的极大值也是最大值。此时最优的生态资源公共租金值为：

$$NR_1=R_1[v(R_1)-c(R_1)] \qquad (2-8)$$

第三，分析生态资源使用权和收益权赋予 n 个主体或一个主体时，生态资源公共域内租金攫取量 R_0 和 R_1 的大小及净利润 NR_0 和 NR_1 的大小。这里采用反证法进行证明：

首先假设 $R_0 \leqslant R_1$ 成立。由 $v'(R)<0$、$c'(R)>0$ 可得 $v(R_0)\geqslant v(R_1)$、$c(R_0)\leqslant c(R_1)$，从而得到：$c(R_0)-v(R_0)\leqslant c(R_1)-v(R_1)$。

其次结合式（2-4）和式（2-7）可得：

$$R_1[v'(R_1)-c'(R_1)]\geqslant\left(\frac{R_0}{n}\right)[v'(R_0)-c'(R_0)]$$

又由 $v'(R)<0$、$c'(R)>0$ 可得：$v'(R)-c'(R)<0$，因此有：

$$\left(\frac{R_0}{n}\right)\left[v'(R_0)-c'(R_0)\right]\geq R_0\left[v'(R_0)-c'(R_0)\right]$$

即存在：

$$R_1\left[v'(R_1)-c'(R_1)\right]>R_0\left[v'(R_0)-c'(R_0)\right] \tag{2-9}$$

由 $v''(R)<0$、$c''(R)>0$ 可得：$v'(R_0)\geq v'(R_1)$、$c'(R_0)\leq c'(R_1)$，从而得到：

$$v'(R_0)-c'(R_0)\geq v'(R_1)-c'(R_1)$$

又 $R_1>0$，因此可得：

$$R_1\left[v'(R_0)-c'(R_0)\right]\geq R_1\left[v'(R_1)-c'(R_1)\right]$$

结合式（2-9）可得：

$$R_1\left[v'(R_1)-c'(R_1)\right]>R_0\left[v'(R_0)-c'(R_0)\right]$$

由 $v'(R)-c'(R)<0$ 可得：$R_0>R_1$，这与原假设相矛盾，因此存在 $R_0>R_1$。

又 $\frac{\partial NR}{\partial R_1}=0$，$\frac{\partial^2 NR}{\partial R^2}<0$，所以在 $R_1<R<+\infty$ 内，存在：$NR(R_1)>NR(R)$，再由 $R_0>R_1$ 可得 $NR(R_1)>NR(R_0)$。

$R_0>R_1$ 和 $NR(R_1)>NR(R_0)$ 表明，与一个主体拥有生态资源的使用权和收益权不同，当所有主体都可以非排他地拥有生态资源的使用权和收益权时，每个利益主体都会出于自身利益最大化和机会主义，对处于公共域的生态资源进行争夺，从而造成生态资源租金过度地消耗，产生生态资源租值耗散问题。

（二）地方政府行为选择分析

上文从市场利益主体的需求角度分析了生态资源租值耗散问题，以下主要是从地方政府主体视角分析水源区生态资源保护不足问题，进一步对租值耗散问题进行阐释。这里采用 C-D 函数形式的效用函数对地方政府主体提供的保护不足问题进行分析。

同样假设总共有 n 个同质的地方政府生态资源利益主体提供生态保护，第

i 个利益主体的自愿生态保护投入为 t_i，因此，总的生态资源保护投入为 $T = \sum_{i=1}^{n} t_i$，在生态资源一定的条件下，T 越大，生态资源保护状况越好。X_i 是指第 i 个利益主体相关者在非生态资源保护方面的投入，整体的生态环境保护投入和自身其他非环境保护投入共同决定了该利益主体的效用水平，即第 i 个利益主体的效用函数为 $y_i(x_i, T)$。同时，根据经济学中的边际替代率递减规律可知利益主体的生态保护投入与非生态保护投入之间的边际替代率递减，

即 $P(T) = \dfrac{\left(\dfrac{\partial y_i}{\partial T}\right)}{\left(\dfrac{\partial y_i}{\partial x_i}\right)}$ 为 T 的减函数。利益主体 i 的效用函数为：

$$y_i = x_i^{\varphi} T^{\gamma} \tag{2-10}$$

假设式（2-10）满足：$0 < \varphi < 1$，$0 < \gamma < 1$，$\varphi + \gamma < 1$，$\dfrac{\partial y_i}{\partial x_i} > 0$，$\dfrac{\partial y_i}{\partial T} > 0$。因此，生态资源保护投入的个体最优均衡条件为：

$$\frac{\gamma x_i^{\varphi} T^{\gamma-1}}{\varphi x_i^{\varphi-1} T^{\gamma}} = \frac{P_T}{P_X} \tag{2-11}$$

式（2-11）中，P_x 表示利益主体在其他方面投入的单位成本，P_T 为生态资源保护的单位成本，将约束条件代入可得利益主体 i 的最优生态资源保护投入为：

$$t_i = \frac{\gamma}{\varphi + \gamma} \frac{M_i}{P_T} - \frac{\varphi}{\varphi + \gamma} \sum_{i \neq j} t_j, \quad i = 1, 2, \cdots, n \tag{2-12}$$

为了便于分析，假定生态资源的相关利益主体拥有相同的预算，因此纳什均衡状态下相关利益主体的生态资源保护投入相同，为：

$$t_i^* = \frac{\gamma}{n\varphi + \gamma} \frac{M}{P_T}, \quad i = 1, 2, \cdots, n \tag{2-13}$$

所以，n 个利益主体总的纳什均衡生态资源保护投入为：

$$T^* = n t_i^* = \frac{n\gamma}{n\varphi + \gamma} \frac{M}{P_T} \tag{2-14}$$

由整体的帕累托最优一阶条件可得：

$$n \frac{\gamma x_i^{\varphi} T^{\gamma-1}}{\varphi x_i^{\varphi-1} T^{\gamma}} = \frac{P_T}{P_X} \qquad (2-15)$$

将预算约束代入式（2-15）可得每个利益主体的帕累托最优生态资源保护投入为：

$$t_i^{**} = \frac{\gamma}{\varphi+\gamma} \frac{M}{P_T} \qquad (2-16)$$

此时 n 个利益主体总的帕累托最优生态资源保护投入为：

$$T^{**} = nt_i^{**} = \frac{n\gamma}{\varphi+\gamma} \frac{M}{P_T} \qquad (2-17)$$

比较整体纳什均衡生态资源保护投入和帕累托最优生态资源保护投入可得：

$$\frac{T^*}{T^{**}} = \frac{\varphi+\gamma}{n\varphi+\gamma} < 1 \qquad (2-18)$$

式（2-18）表明，对于参与生态资源保护的 n 个利益主体来说，纳什均衡的生态资源保护投入小于帕累托最优的生态资源保护投入，即基于自身效用最大化的生态保护投入要小于社会需求的集体效益最大化的生态资源保护投入。同时由式（2-17）还可以看出，随着参与生态资源保护的利益主体人数的增加，纳什均衡和帕累托最优均投入之间的差距越来越大。只有当 $n=1$，即将生态资源使用权和收益权赋予一个人时，纳什均衡生态资源保护投入才和帕累托最优的生态资源保护投入相等，但同样的唯一的主体不能是国家，因为国家必须委托其他人间接使用生态资源的排他权，这又导致生态资源的使用权和收益权实际分解到其他各个代理机构上，从而产生新的委托代理效率问题。

（三）社会公众利益主体行为选择分析

社会公众利益主体的行为主要体现在对市场利益主体和地方政府利益主体的行为选择进行影响方面，其最终目标是激励地方政府和当地居民保护生态环境。为避免与前文的重复性工作，将通过"羊群效应"模型重点研究社会公众利益主体对市场利益主体和政府利益主体生态利用与保护意愿的影响机理。

Lux（1995）的模型描述了行为个体在股票市场中的自发行为，行为个体的意愿（悲观和乐观）转化的条件是其对市场风险的主观判断，其改变意愿的目的是个人收益最大化。与这种情形类似，市场利益主体和政府利益主体的生态保护意愿同样存在"愿意保护和不愿意保护"两种形式，其在这两种意愿之间转化的目的也是实现个体收益最大化。扩展 Lux 的模型用在利益相关者的生态保护意愿分析中，是对这一模型的创新和扩展应用。

1. 基本假定

若一地区有固定数量为 2N 的利益相关者，为了便于分析，假设这一地区是封闭的，不存在人口外来输入和本地输出状况，这些利益相关者可以分为两种生态环境：愿意保护和不愿意保护，不存在保持中间态度的个体。假设 n_1 表示愿意保护生态环境的个体，n_2 表示不愿意保护生态环境的个体，且存在 $n_1+n_2=2N$。假设存在 $n=0.5(n_1-n_2)$，令 $x=\dfrac{n}{N}$，则 $x\in[-1,\ 1]$，x 表示整个地区生态保护意愿平均值的一个指标，当 $x=0$ 时，该地区愿意保护生态环境和不愿意保护生态环境的个体相等，当 $x>0$ 时，该地区愿意保护生态环境的个体大于不愿意保护生态环境的个体，当 $x<0$ 时，该地区愿意保护生态环境的个体小于不愿意保护生态环境的个体，当 $x=1$ 时，该地区所有个体都愿意保护生态环境，当 $x=-1$ 时，该地区所有个体都不愿意保护生态环境。

2. 模型分析

根据 Lux（1995）的动力学描述，当愿意保护生态环境的个体增多时，不愿意保护生态环境的个体可能会改变其态度转向愿意保护；相反，当不愿意保护生态环境的个体增多时，愿意保护生态环境的个体可能会改变其态度转向不愿意保护，假定从不愿意保护转向愿意保护的概率为 P，从愿意保护转向不愿意保护的概率为 p_2。可以看出二者是由 x 的分布决定的。即存在 $p_1=p_2(x)$，$p_2=p_1(x)$。这表明所有个体都以相同的方式影响某一个特定个体，为了简化分析，假设每一个个体的态度只能改变一次。随着个体理性预期的变化，他们对生态环境保护的态度也随之发生变化，一部分不愿意保护生态环境的个体变为愿意保护，另一部分愿意保护生态环境的个体可能转换为不愿意保护，这都会导致 x 的变化。两类个体之间的相互转化依赖于各自的转移概率 p_1 和 p_2，而转移概率又依赖于个体的行为选择和 x 本身。

进一步假设所有个体改变生态环境保护态度的概率是一样的，这样从一种态度转向另一种态度的个体人数就可以由每一类个体的数量乘以相应的转移概率而近似得到，因此由不愿意保护生态环境转向愿意保护的个体人数为 $p_1 n_2$，而由愿意保护生态环境转变为不愿意保护的个体人数为 $p_2 n_1$。由此可以得到两类个体之间的人数转换率为：由不愿意保护生态环境转向愿意保护的个体数量转换率为 $\dfrac{\mathrm{d}n_1}{\mathrm{d}t}=p_1 n_2-p_2 n_1$；由愿意保护生态环境转向不愿意保护的个体数量转换率为 $\dfrac{\mathrm{d}n_2}{\mathrm{d}t}=p_2 n_1-p_1 n_2$。

由 $n=0.5(n_1-n_2)$ 和 $x=\dfrac{n}{N}$ 可得：

$$\frac{\mathrm{d}x}{\mathrm{d}t}=\frac{0.5\mathrm{d}(n_1-n_2)}{N\mathrm{d}t}=\frac{1}{2N}\frac{\mathrm{d}n_1}{\mathrm{d}t}-\frac{1}{2N}\frac{\mathrm{d}n_2}{\mathrm{d}t}=\frac{1}{N}(p_1 n_2-p_2 n_1)$$

又由 $n_1+n_2=2N$ 和 $n=0.5(n_1-n_2)$ 可得：$n_1=N+n$ 和 $n_2=N-n$，因此有：

$$\frac{\mathrm{d}x}{\mathrm{d}t}=\frac{1}{N}(p_1 n_2-p_2 n_1)=\frac{1}{N}\big[p_1(N-n)-p_2(N+n)\big]=(1-x)p_1(x)-(1+x)p_2(x)$$

假设个体态度由不愿意保护生态环境向愿意保护生态环境转变的概率相对变化随 x 线性增加，而由愿意保护生态环境向不愿意保护生态环境转变的概率相对变化随 x 线性减少，即存在 $dp_1/p_1=adx$，$dp_2/p_2=-adx$。又由于 $p_1>0$，$p_2>0$，因此可得 p_1 和 p_2 的函数形式为：$p_1(x)=ve^{ax}$，$p_2(x)=ve^{-ax}$。这里，$a\geq 0$ 表示转化的力度，是由两个方面的因素决定的：一是集体中其他个体的行动的影响 (a_1)；二是集体行动带来的影响 (a_2)，并假设存在 $a=a_1+a_2$。v 代表转化速度。因此，基于 Lux（1995）的动力模型，可以得到：

$$\frac{\mathrm{d}x}{\mathrm{d}t} = (1-x)ve^{ax} - (1+x)ve^{-ax} = 2v[\sinh(ax) - x\cosh(ax)]$$

$$= 2v\cosh(ax)[\tanh(ax) - x] \tag{2-19}$$

通过模型（2-19），可以得到以下结论：第一，在 $x=0$ 时，即没有外力作用条件下，整个社会处于动态平衡状态，此时存在 $p_1=p_2=v$。第二，当 $a\leqslant1$ 时，Lux 动力模型存在唯一的稳态解 $x=0$，此时"羊群效应"较弱并随着时间逐渐消失；当 $a>1$ 时，$x=0$ 是不稳定的，此时 x 存在大于 0 和小于 0 的两个稳态解，也就是说，只要 x 稍微偏离 0，就会产生累积转化过程，并最终导致个体生态保护态度由不愿意向愿意或者由愿意向不愿意转化。a 越大，转化率越高，向愿意或者不愿意态度转化的绝对值越大。

接下来讨论这种转化的条件：

当 $a=a_1+a_2\leqslant1$ 时，社会动态平衡是一种稳定的动态均衡，虽然也会出现一定的波动，但是这种波动一般比较小并逐渐消失。在这种条件下，个体行动与集体行为结果不会出现累积放大效应，也就是说开始可能有个别个体会模仿他人的行为，但是看到模仿后集体的行为结果并没有发生较大的变化，那么个体就不会再模仿，这种相互模仿的行为就会逐渐消失。

当 $a=a_1+a_2>1$ 时，社会的动态平衡是一种不稳定的动态均衡，在这种条件下，个体行动与集体行为结果会出现累积放大效应，也就是说，可能开始有个别个体模仿他人的行为，但是看到模仿后集体的行为结果发生了较大变化，其他个体也会受到启发，开始模仿，此时这种相互模仿的行为就会逐渐扩大，形成"羊群效应"。也就是说，个体行为和集体行为结果的影响相互叠加是形成"羊群效应"的基本条件。因此，当个体的生态环境保护意愿会受到其他个体行为结果的影响，社会公众主体可以通过一系列生态补偿政策宣传和行为激励促使更多的个体形成正向的生态保护意愿，有意识地提高"羊头"的影响，从而影响群体行为的结果，使更多的个体参与到生态保护中。

第三章 跨流域调水工程水源区生态补偿多元主体责任分担与协同效应分析框架

跨流域调水工程水源区生态补偿责任分担是协调水源区生态补偿多元主体协同补偿的前提。确定多元主体责任分担后才能进一步促进政府、市场、社会公众组织子系统相互协调，发挥多元主体的协同补偿效应，实现水源区生态系统可持续发展的目标。本章包括两个方面的内容：一是在对责任分担原则进行分析基础上，从时间维度、空间维度和主体维度三个维度探讨跨流域调水工程水源区生态补偿的责任分担。二是对水源区生态补偿多元主体协同机理、协同效应和协同度进行理论分析。

一、生态补偿多元主体责任分担原则

（一）受益者负担原则

跨流域调水工程水源区生态补偿的目的是维护水源区的生态环境平衡和稳定，因此在实施生态补偿时，应遵循"受益者负担原则"，即主要受益者承担主要责任，并按其受益程度进行补偿。在跨流域调水工程水源区生态补偿中，应让受水区政府、沿线企业等各方主要受益者根据使用水量来承担相应的责任。水源区政府应承担保护和修复生态环境的责任，保证水源区生态系统持续健康发展；受水区政府则应该对其用水量进行控制，保证水资源合理利用。受益者负担原则的实施可使各方都有动力去保护生态环境，同时也能更好满足各方的利益需求，增加合作共赢的可能性。

（二）共同但有区别的责任原则

跨流域调水工程涉及多个流域，各流域间生态环境相互关联，建设跨流域调水工程需要各方共同承担责任，实现协同作用。通过多元主体责任分担机制，实现各责任主体之间的协同作用和依法履行责任的目的，以实现长期的生态可持续发展。

共同但有区别的责任原则于 1992 年在联合国环境与发展会议上提出，并成为国际环境法中的一项重要原则。它是指在全球环境治理中，各国有共同承担的责任，但各国的责任因国家发展水平和历史责任等有差异。在跨流域调水的实践中，可以将该原则应用于多元主体的责任分担机制中。跨流域调水工程涉及多个流域，各流域之间的生态环境相互关联，因此需要各相关主体共同承担责任，实现协同作用。但不同的主体对水资源的需求并不相同，造成了不同程度的环境压力。基于共同但有区别的责任原则，应当让主要责任者、主要受益者以及饱受生态影响的主体在生态补偿中承担更多的责任。具体来说，中央政府应当承担更多的责任，因为它是跨流域调水工程的主体，对水资源的使用和生态环境的破坏有直接的影响。水源区政府应当承担次要的责任，因为它应该对水资源的保护和生态环境的改善承担更多的责任。而受水区政府则应该承担一定的责任，因为它对水资源的需求是导致生态环境破坏的一个原因。另外，由于各责任主体的性质和责任不同，其承担的责任也应该根据各自特点进行区分。中央政府应该承担执行和投资责任，水源区政府应该承担管理和监督责任，而受水区政府则应该承担管理和使用责任。这样可以确保每个责任主体都在其职责和资源范围内尽到相应的责任。

（三）收益结构原则

谁收益、谁承担，收益多、多承担，收益少、少承担，这是市场经济条件下经济公平的内在客观要求。在跨流域调水工程中，每个责任主体的受益程度并不相同。因此，在费用分配时应按照受益程度分配费用。

跨流域调水可能涉及不同地区、不同农业和工业企业的利益，因此需要建立公平的利益分配机制。考虑到不同投入要素（包括水资源、劳动力、资本等）在产出中的贡献，以及资源的环境和社会成本，建立合理的权益分配模式。应该根据流域内外的供求格局，量化资源的价值、定量权益比例和机制，以实现跨流域之间的利益合理调配。同时其涉及的资源和利益问题具有跨界性的特点，需要建立跨界治理合作机制。通过加强政府部门的合作、社会组织的参与以及居民的自治等方式，实现跨流域调水的合作治理和可持续发展。同时，应该采用在线公示、信息公开等透明度较高的机制，保证权利人的知情权、参与权和监督权得到保障。

二、三维度视角下水源区生态补偿责任分担

（一）时间维度下水源区生态补偿责任分担

从时间维度看，跨流域调水工程水源区生态补偿机制是在实践中完善和分阶段实现的，每个阶段通过不同主体来分担跨流域调水工程水源区的生态补偿责任，具体如图3-1所示。

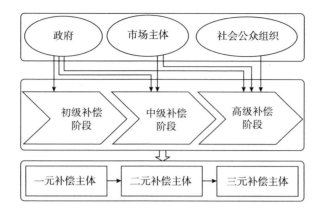

图 3-1 跨流域生态补偿多元化主体

1. 初级补偿阶段

初级补偿阶段目的是构建补偿机制框架，形成生态补偿意愿。这一阶段的特征如下：

（1）补偿和受偿主体。中央政府补偿是初级阶段的主体。根据"谁受益，谁补偿"原则，这一阶段的生态补偿主体是中央政府和受水区政府。水源区的环境问题由政府进行补偿，如南水北调工程。受水区各级地方政府应该配合政府对水源区进行生态补偿。初级阶段的受偿主体主要是水源区地方政府，水源区地方政府需要执行退耕还林、植树造林、封山育林、水污染治理等政策来减少水土流失、保护水环境，应得到生态补偿。

（2）补偿标准。在初级补偿阶段，主要是对已经被破坏的生态环境进行重建，使跨流域区域的生态系统恢复到之前的一定水平。此阶段通常考虑的是跨流域进行生态保护的生态建设成本（W_{cb}），主要包括跨流域范围内为提高水质、流域内森林覆盖率以及退耕还林等方面的投资；项目进行过程中的建设投入，如开凿隧道工程、流域河道治理以及绿化工程，可根据式（2-3）进行核算。

（3）补偿方式。在初级补偿阶段，主要通过政府进行补偿，如政策补偿和资金补偿等。

2. 中级补偿阶段

随着跨流域调水工程的一些环境保护措施实施，水源区产业结构也慢慢转型，治理方案逐步系统化，此时进入中级补偿阶段。中级补偿阶段是在初级补偿阶段的基础上，进一步完善补偿机制，增加市场化补偿形式，使补偿更加灵活和多样化。这一阶段的特征如下：

（1）补偿主体和受偿主体。中级补偿阶段是整个跨流域调水工程受水区根据自身产业结构功能进行调整的时期，此阶段的补偿责任需要市场主体与政府主体共同承担。补偿主体根据"谁受益，谁补偿、谁排污，谁付费"原则确定。受偿主体包括水源区的政府以及供水沿线的市场主体。

（2）补偿标准。一般由受水区向水源区补偿流域生态治理的机会成本（C_0）以及直接成本（C_d），机会成本由中央政府以及地方政府、市场和个体成本组成，中央政府以及地方政府的机会成本主要包括财政税收减少、就业岗位的减少等；市场机会成本包括产业结构调整以及企业迁移所带来的利润损失；个体机会成本包括种植业以及水产品养殖业的收入损失，可根据式（2-5）进行核算。直接成本除了生态建设成本，还包括生态管理与监控成本（C_{kd}）以及工程中的生态移民成本（C_{md}）等。生态管理与监控成本是为了保持流域的生态水平而必须支出的费用。包括对水资源、土地、森林、野生动物等的监测、管理和保护；同时也包括了生态补偿标准的制定和监督的成本。生态移民成本是指受生态环境影响的人口转移至生态保护区外部的一种方式，其成本通常由政府和市场承担。这一阶段主要减少工程带来的负面影响，确保生态环境和经济社会和谐发展。

（3）补偿方式。这个阶段主要使用行政与市场方式进行生态补偿，保证市场机制在跨流域调水生态补偿的作用。政府补偿方式除了初级阶段运用的方式，还可以结合流域产业结构调整。市场补偿方式则包括排污权交易、绿色标记等形式。

3. 高级补偿阶段

在初级补偿阶段和中级补偿阶段完成后，水源区以及受水区经济进入良性循环、流域生态治理体系形成后，流域生态补偿进入需要体现社会公平的高级补偿阶段。这一阶段需要继续对流域生态系统进行维护和治理，保证生态服务水平。这一阶段特征如下：

（1）补偿主体和受偿主体。"谁受益，谁补偿"原则在高级补偿阶段应该更加严格地执行，除了政府和市场主体，还包括各类环保 NGO、公共、社区组织等公众组织。此阶段的受偿主体是水源区的政府以及对维护生态作出贡献的企业和住户。

（2）补偿标准。高级补偿应由政府、市场主体、社会公众组织三元主体依据生态服务的外溢效益共同承担相应的份额进行补偿。流域生态服务的外溢效益可分为生态效益（B_1）、经济效益（B_2）和社会效益（B_3）进行评估。指标选取要着重考虑三元主体受益角度。评估出的跨流域调水工程生态服务外溢效益包含受水区政府、市场和社会公众组织所应得到的合理利益，同时还应结合水源区维护和治理生态系统服务成本。

（3）补偿方式。此阶段除了政府和市场补偿模式，应更加注重社会公众组织补偿模式。主要包括社会捐助、生态责任保险等形式。这一阶段也称为"三位一体"的多元化生态补偿阶段，即以政府补偿为主导，市场补偿为平台，社会公众组织补偿为补充。

经过以上三个阶段，跨流域调水工程水源区多元化生态补偿机制也将不断更新与完善，达到生态系统服务可持续利用的最终目标。时间维度下各个阶段特征如表 3-1 所示。

表 3-1 时间维度下跨流域调水工程水源区生态补偿三阶段特征

补偿阶段	补偿主体	补偿客体	补偿标准	补偿方式
初级补偿阶段	中央政府、受水区政府	水源区政府	生态建设成本（C_{cd}）	政府补偿模式

续表

补偿阶段	补偿主体	补偿客体	补偿标准	补偿方式
中级补偿阶段	中央政府、受水区政府、受水区市场	水源区政府、供水沿线的企业和住户	生态保护机会成本（C_0）以及直接成本（C_d）	政府和受水沿线的企业补偿模式
高级补偿阶段	中央政府、受水区政府、受水沿线的企业、公众媒体	水源区政府、对维护生态作出贡献的企业和住户	外溢效益（A）范围之间	政府、受水沿线的企业、公众媒体补偿模式

（二）空间维度下水源区生态补偿责任分担

从空间维度来看，应该遵循"共同但有区别责任""收益结构"原则，确定水源区、受水区等区域的分担系数。

1. 基于单指标法的区域分担系数计算

单指标法一般采用受益地区人口比例、水资源使用情况、生态服务价值等指标作为评价指标，确定不同地区和行业的生态补偿责任。以下将使用专家赋权法进行跨流域调水工程水源区生态补偿量的分担系数计算。

（1）根据人口比例确定生态补偿责任区域分担系数。人口比例法对于区域生态环境和人口数量之间的关系更加密切的人口密集区域较为适用。其系数等于受益区的人口占整个跨流域调水流域内受益人口的比例，计算公式为：

$$S_{P_m} = \frac{p_m}{\sum_{m=1}^{n} p_m} \tag{3-1}$$

在式（3-1）中，S_{P_m} 表示第 m 个受水区的人口比例分担系数；p_m 表示第 m 个受水区的人口数量。

（2）根据水资源使用情况确定生态补偿责任区域分担系数。根据水资源使用情况确定生态补偿责任区域分担系数是一种应用比较广泛的生态补偿评估方法，特别适用于需要评估足量用水对生态系统造成影响的情况。根据水资源的平均定价来确定其分担系数的公式为：

$$S_{q_m} = \frac{q_m}{\sum_{m=1}^{n} q_m} \qquad (3-2)$$

在式（3-2）中，S_{q_m} 表示第 m 个受水区水资源使用情况分担系数；q_m 表示第 m 个受水区水资源使用情况。

（3）根据有效支付能力确定生态补偿责任区域分担系数。根据有效支付能力确定生态补偿责任区域分担系数是一种基于经济水平的方法。该方法旨在根据不同地区经济能力进行合理分摊，以实现生态补偿责任的公平分担。采用人均 GDP 这一参数来反映不同受益区的支付能力，计算公式为：

$$S_{g_m} = \frac{g_m}{\sum_{m=1}^{n} g_m} \qquad (3-3)$$

在式（3-3）中，S_{g_m} 表示第 m 个受水区有效支付能力分担系数；g_m 表示第 m 个受水区人均 GDP。

（4）根据生态服务价值确定生态补偿责任区域分担系数。生态环境是维持生计和人类福利的重要基础，而各地的生态环境价值存在显著的差异，需要基于不同地区生态服务价值的评估结果来计算区域分担系数，以实现生态补偿责任的公平分担。由于受益区的生态服务的外溢效益难以计算出来，将采用专家打分法来确定此分担系数，计算公式为：

$$S_{\varepsilon_m} = \frac{\varepsilon_m q_m}{\sum_{m=1}^{n} \varepsilon_m q_m} \qquad (3-4)$$

在式（3-4）中，S_{ε_m} 表示第 m 个受水区的生态服务价值的分担系数；ε_m 表示专家赋予第 m 个受水区的生态服务价值的权重；q_m 表示第 m 个受水区的水资源使用情况。

（5）根据受水区面积确定生态补偿责任区域分担系数。根据受水区面积确定生态补偿责任区域分担系数是一种基于生态系统服务范围和空间分布的方法。该方法通过测量和计算不同地区的生态系统面积、生态系统服务类型和生态系统服务质量等，确定不同受水区的生态补偿责任，从而确保不同受水区的生态补偿责任分配合理、公平，计算公式为：

$$S_{s_m} = \frac{s_m}{\sum_{m=1}^{n} s_m} \qquad (3-5)$$

在式（3-5）中，S_{s_m} 表示第 m 个受水区的面积的分担系数；S_m 表示第 m 个受水区的受益面积。

（6）根据支付意愿确定生态补偿责任区域分担系数。对于生态补偿责任分担，还要考虑到受水区人口是否愿意支付以及愿意支付的最高金额是多少，因此根据调查数据得出各受水区的愿意支付人数和平均最大支付意愿。区域分担系数为各受水区平均最大支付意愿占所有受水区平均最大支付意愿总和的比例，计算公式：

$$S_{t_m} = \frac{w_m}{\sum_{m=1}^{n} w_m} \qquad (3-6)$$

在式（3-6）中，S_{t_m} 表示第 m 个受水区的支付意愿分担系数；w_m 表示跨流域调水工程第 m 个受水区的平均最大支付意愿分担系数。

2. 基于综合法的区域分担系数计算

基于综合法的区域分担系数计算是一种综合考虑多种因素、综合各种评估的方法。该方法在考虑生态服务价值、用水量、有效支付能力、受益地区面积等因素的同时，还可以对这些指标给予合理权重，对分担系数进行加权汇总来确定生态补偿责任的区域分担系数的综合考虑。

（1）受益程度、支付意愿和支付能力综合法。根据跨流域调水生态补偿多元主体分担原则，除了考虑受益程度和支付能力，还将支付意愿考虑在内，并相结合，以确保生态补偿责任的公平和有效实现。

在生态补偿评估中，支付意愿通常是指受益人为了保护或修复生态系统所愿意支付的费用。这些费用将用于支持生态系统的修复或保护措施，以弥补生态系统受到的破坏或损失的代价。在生态补偿评估中，支付意愿通常受到多种因素的影响，如收入、知识水平、保护环境等。人的生活水平往往与自身的消费水平挂钩，当人们的消费水平高了，也就更愿意支付生态上一些费用。反之自身生活水平不高，也没太多能力能支付生态费用。一个人对于生态的支付意愿与个人的素质也紧密联系着，高素质者会自觉地遵守准则，会主动进行环境保护和生态支付意愿。人们的生态支付意愿可以根据收入用 Logistic 生长曲线表示出来：

$$W = \frac{\lambda}{1 + \alpha \varepsilon^{-\beta l}} \tag{3-7}$$

在式（3-7）中，W 表示生态补偿支付意愿；α、β 表示常数；l 表示生活水平；λ 表示对生态补偿支付意愿的最大值。

假设 α、β 的值取 1，则式（3-7）可以简化得到受水区的支付意愿：

$$T_m = W_m = \frac{\lambda}{1 + \varepsilon^{-\frac{1}{Enm}}} \tag{3-8}$$

通常来说，在假设受水区与引水量成正比的情况下，单指标法中用水量法可用于直接衡量某个地区或个人的受益程度。此外，生态补偿资金的筹集受到支付能力的限制，有效支付能力法常用个人可支配收入以及区域 GDP 来衡量。若将这些方法用于生态补偿评估，需充分考虑不同地区和个体的实际情况，选择合适的评估方法并对评估结果进行合理的解释和表达。综上受益程度、支付意愿和支付能力综合法确定流域生态补偿区域责任分担的表达式为：

$$Z_m = \frac{S_{q_m} T_m S_{g_m}}{\sum_{m=1}^{n} S_{q_m} T_m S_{g_m}} \tag{3-9}$$

在式（3-9）中，Z_m 表示第 m 个受益区的分担系数；S_{q_m} 表示第 m 个受水区水资源使用情况的分担系数；T_m 表示支付意愿；S_{g_m} 表示支付能力系数。

（2）综合指标法。综合指标法需要考虑到效益、水资源使用情况、支付能力、专家对每项指标的赋值等。最简单的一种就是假设综合法中每个因素的权重相等，则其公式为：

$$Z'_m = \frac{S_{\varepsilon_m} + S_{q_m} + S_{g_m}}{3} \tag{3-10}$$

在式（3-10）中，Z'_m 表示第 m 个受益地区的分担系数，S_{ε_m} 表示生态服务价值的分担系数，S_{q_m} 表示水资源使用情况的分担系数，S_{g_m} 表示支付能力的分担系数。

通过专家打分确定因素的权重，如李彩红（2014）考虑生态补偿受益区的经济水平和水资源使用情况确定了如下的分担系数：

$$b_m = \frac{0.2S_{g_m} + 0.8S_{q_m}}{\sum_{i=1}^{n}(0.2S_{g_m} + 0.8S_{q_m})} \tag{3-11}$$

在式（3-11）中，b_m 表示第 m 受水区的分担系数，S_{q_m} 表示第 m 个受水区水资源使用情况的分担系数，S_{g_m} 表示第 m 个受水区的经济发展水平的分担系数。

（3）离差平方法。离差平方法是一种加权综合法，它可以根据不同生态补偿分担方法所得到的分担值与多种分担方法的平均值之间的差异来确定权重系数，从而减少人为设定权重系数带来的主观因素。该方法相对较客观，避免了人为确定权重系数的不可靠性。通常情况下，当某种分担方法得到的分担值与平均值的差别较小时，该分担方法将获得较大的权重系数，反之则会获得较小的权重系数，以便改善不同分担方法之间分担额度的差异。综合使用离差平方法和其他评估方法，可以更准确地确定生态补偿费用的分摊系数，为生态保护和生态补偿工作提供科学依据和支持。

假设此工程的分担方法有 n 种，其中第 i 种的分单方法的分担值 t_i 的平均分担值是 $\bar{t}$，分担权重系数函数为 d_i，则其应该满足以下几个条件：

第一，$\sum_{i=1}^{n} d_i = 1$。

第二，离差平方 $(t_i - \bar{t})^2$ 与权重系数 d_i 成反比函数关系，则 $(t_i - \bar{t})^2$ 越大 f_i 越小，反之 $(t_i - \bar{t})^2$ 越小 f_i 越大。

第三，以 X 表示综合分担系数的估值，期望综合分担系数为 t，则 X 收敛于 t。离差平方法的权重函数为：

$$d_i = \frac{[(n-1) \cdot S^2 - (t_i - \bar{t})^2]}{(n-1)^2 \cdot S^2} \tag{3-12}$$

方差公式表示为:

$$S^2 = \frac{\sum_{i=1}^{n}(t_i - \bar{t})^2}{(n-1)} \qquad (3-13)$$

则综合分担系数的估值为:

$$X = \sum_{i=1}^{n} d \cdot t_i \qquad (3-14)$$

离差平方法不仅降低了专家打分法的主观评价的因素,而且将各分担方法综合考虑,得到的分担系数科学化。

3. 基于水功能区划修正的区域分担系数

基于水功能区划修正的区域分担系数是一种综合考虑地区水资源特征的生态补偿评估方法。这种方法将生态补偿责任区域划分为不同的水功能区域,对不同区域的生态系统服务价值和受益程度进行综合评估,以修正生态补偿的分担系数和费用。

水功能区划是一种按照水资源特征和水环境质量划分的区域管理方法,通常可根据不同的水文地理条件、水文气象等因素,将水资源管理区域划分为不同的水功能区域。根据《全国重要江河湖泊水功能区划(2011—2030 年)》,可将水功能区划分成一级和二级区划级别,具体如图 3-2 所示。这些区域在水资源保护和生态系统服务方面具有不同的重要性和价值。因此,在生态补偿评估中,将生态补偿责任区域划分为不同的水功能区域,并针对不同区域的生态系统服务进行评估,可以更加准确地评估不同区域的生态补偿责任和分担系数。

水功能区划将流域河流的不同河段分成不同的一级和二级功能区域,指定了不同区划的河长,应该考虑这种差别在流域生态补偿区域责任分担时的影响。保护区是对水资源、自然生态系统及物种进行保护的水域,在责任分担中可视为受偿区域,不予考虑其影响。缓冲区是边界区域,责任难以确定,因此在责任分担中也不予考虑其影响。剩下的保留区和开发利用区因受益程度不同,应考虑其责任分担的差别。在同等条件下,开发利用区的责任分担要高于保留区,并与河长成正比。可以将保留区的责任分担修正系数定义为 1,开发

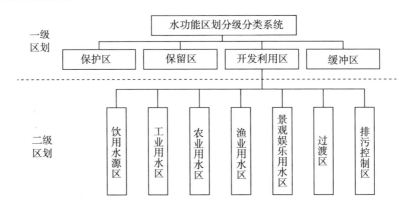

图 3-2 水功能等级划分

利用区的责任分担修正系数为大于 1 的特定值。因此，只需考虑开发利用区的责任分担系数即可。在实施过程中，应该充分考虑不同区域的实际情况和需求，合理设计评估模型和数据，确保评估结果的准确性和可靠性。

由于开发利用区的七个功能区的功能都不同，如过渡区的功能尚未明确，因此需要结合"受益者补偿原则"，只考虑农业、渔业、景观娱乐、工业这四个用水区。则某个受益区的分担系数可用如下公式表示：

$$F' = C_m F_m \tag{3-15}$$

在式（3-15）中，F' 表示第 m 个受水区的分担系数，F_m 表示单指标法或者综合法算出的第 m 个受益区的分担系数，C_m 表示第 m 个受益区域的修正系数。

（三）主体维度下水源区生态补偿责任分担

1. 政府主体责任分担比例

前文对跨流域调水工程多元生态补偿利益相关者的价值取向分析中，进一步进行梳理归纳如表3-2所示。这些数据统计结果显示，中央政府、受水区地方政府和水源区地方政府对跨流域调水工程生态服务的生态效益更为关注。目前，在跨流域调水工程生态补偿协议中，各级政府的考核指标也反映了这一点，其中大多数跨流域调水工程的生态补偿以流域跨界监测断面的水质或超标污染物的通量计量作为目标考核的依据。而水源涵养、气候调节等能够产生生态效益的流域生态服务属于纯公共物品，其带来的收益或效用可以惠及整个社会，因此这些收益是外部性。根据"收益结构"原则的指导，中央政府应该制定保护条例，并通过转移支付进行专项补偿。因此，在确定主体责任分担时，由政府承担跨流域调水工程生态服务外部性生态效益的补偿是合理的。

表3-2　跨流域调水工程政府主体的价值取向

项目	生态价值		经济价值		社会价值	
	人数	占比（%）	人数	占比（%）	人数	占比（%）
中央政府	45	60	3	4	27	36
受水区地方政府	35	47	16	21	24	32
水源区地方政府	39	52	11	15	25	33

综上所述，政府主体应该来承担评估出的外溢生态效益（B_1）所占比重的成本或者效益补偿，即 $\dfrac{B_1}{(B_1+B_2+B_3)}$。生态效益（$B_1$）包括评估出的水源涵养效益（$C_1$）、土壤保持效益（$C_2$）、环境净化效益（$C_3$）、生物多样性效益（$C_4$）、洪水调蓄效益（$C_5$）、美学效益（$C_6$）。具体地，中央政府要承担全国性生态公共产品性质生态效益的转移支付，省级政府做好地区性生态公共产品性质生态效益的转移支付，受水区的地方政府承担水源区的生态公共产品性质生态效益的补偿。

2. 市场主体责任分担比例

在价值取向分析中，有57人（占76%）认为受水区沿线企业的价值取向是经济价值，有55人（占73%）认为水源区沿线企业的价值取向是经济价值，有53人（占71%）认为受水区沿线住户的价值取向是经济价值，有48

人（占64%）认为水源区沿线住户的价值取向是经济价值，有66人（占88%）认为金融机构的价值取向是经济价值，具体如表3-3所示。这些数据表明受水区沿线企业、受水区沿线住户、水源区沿线企业、水源区沿线住户、金融机构等市场主体更加关注跨流域调水工程的经济价值。在跨流域调水工程生态服务外溢效益评估中，也重点考虑了市场主体的受益角度，选取了能够通过市场交易的生态服务外溢价值增值指标归为经济效益。

表3-3　跨流域调水工程市场主体的价值取向

项目	生态价值		经济价值		社会价值	
	人数	占比（%）	人数	占比（%）	人数	占比（%）
受水区沿线企业	3	4	57	76	15	20
受水区沿线住户	9	12	53	71	13	17
水源区沿线企业	4	5	55	73	16	22
水源区沿线住户	13	17	48	64	14	19
金融机构	5	7	66	88	4	5

因此，在跨流域调水工程多元化生态补偿中，市场主体可以承担起评估出的外溢经济效益(B_2)所占份额的成本或效益补偿，即$\dfrac{B_2}{(B_1+B_2+B_3)}$。经济效益（$B_2$）包括评估出的生产用水效益（$C_7$）、水产品效益（$C_8$）、旅游效益（$C_9$）、房地产业增值（$C_{10}$）、服务业增值（$C_{11}$）、水力发电效益（$C_{12}$）。具体地，可以根据市场各主体的受益情况，分摊到跨流域水域内生产用水产业、水产品企业以及受益的住户等市场主体。

3. 社会公众组织主体责任分担比例

在价值取向分析中，有54人（占72%）认为环保NGO的价值取向是社会价值，有46人（占61%）认为研究机构的价值取向是社会价值，有61人

（占81%）认为公众媒体的价值取向是社会价值，具体如表3-4所示。这些数据表明环保NGO、研究机构、公众媒体等社会公众组织更加关注社会效益。在跨流域调水工程生态服务外溢社会效益评估中，也是从社会公众组织受益角度，明确受益群体的对人类社会有益的效益归为社会效益。

表3-4　跨流域调水工程公众媒体组织的价值取向

项目	生态价值		经济价值		社会价值	
	人数	占比（%）	人数	占比（%）	人数	占比（%）
环保NGO	18	24	3	4	54	72
研究机构	27	36	2	3	46	61
公众媒体	8	11	6	8	61	81

因此，在跨流域调水工程多元化生态补偿中，公众媒体可以承担起评估出的外溢经济效益（B_3）所占份额的成本或效益补偿，即$\dfrac{B_3}{(B_1+B_2+B_3)}$。经济效益（$B_3$）包括就业效益（$C_{13}$），劳动力恢复效益（$C_{14}$）、抗旱效益（$C_{15}$）、人居健康效益（$C_{16}$）、教育效益（$C_{17}$）和科学研究效益（$C_{18}$）。可以根据收益结构和能力结构原则，能够通过公众媒体组织从受益群体中募集相应效益资金的由公众媒体组织承担，具有公共性质的或弱势群体受益的社会效益由政府来进行补偿。

由此，三个主体可以根据之前所评估的生态、经济和社会效益之间的比例进行适当调整，共同分担跨流域调水工程生态保护成本或生态服务的外部性效益，具体如表3-5所示。例如，假设流域的生态保护成本为20亿元，经过评估发现外溢的生态、经济和社会效益的比例为6:3:1。鉴于公众媒体组织的支付能力有限，可考虑由政府和社会公众组织各承担一半的社会效益。因此，政府、市场主体和公众媒体组织对生态保护成本的分担额分别为13亿元、6亿元和1亿元。

表 3-5　跨流域调水工程生态补偿主体的责任分担比例

补偿主体	生态服务外溢效益比例	调整后的主体分担比例
政府	$\dfrac{B_1}{(B_1+B_2+B_3)}$	$\dfrac{(B_1+B_3/2)}{(B_1+B_2+B_3)}$
市场	$\dfrac{B_2}{(B_1+B_2+B_3)}$	$\dfrac{B_2}{(B_1+B_2+B_3)}$
公众媒体	$\dfrac{B_3}{(B_1+B_2+B_3)}$	$\dfrac{B_3}{2(B_1+B_2+B_3)}$

三、水源区生态补偿多元主体协同机理分析

　　跨流域调水工程水源区生态补偿多元主体协同是一个从"关系建立—主体互动—实现协同"的逐步完成过程。在这个过程中，相对独立、相互平等的多元补偿主体通过建立一定的规则，共同实现流域生态服务可持续利用目标。在此基础上，通过利益的协调、责任的分担，以及相互约束等互动行为，实现流域生态补偿的一致性和整体性，从而产生协同补偿效应"1+1+1>3"（见图 3-3）。

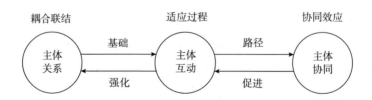

图 3-3　关系、互动、协同的逻辑关系

　　在实施过程中，需要充分考虑不同主体之间的利益关系和责任意识，制定合理有效的管理规则和补偿机制，提高主体间协同配合和协作能力，以促进生态保护和可持续发展。

（一）多元主体协同关系

建立合适关系是多元主体协同补偿的基础。政府补偿、市场补偿和社会公众组织补偿三种模式相互耦合可以采用三螺旋模型表示。三螺旋模型来源于DNA的研究中，最初被亨利·埃茨科瓦茨和勒特·雷德斯道夫用于分析创新模式的概念模型。该模型认为，政府、产业、大学之间存在平等的合作关系，三个机构都可以成为创新的来源，同时也表现出其他两个机构的相应能力。政府、市场主体和社会公众组织三个主体之间也存在类似的相互耦合关系。

三大螺旋主体共同激励生态环境保护行为并促进流域生态服务功能的恢复和改善，与流域生态治理和生态补偿之间有着直接或间接联系。此外，拥有共同目标和公共利益是各主体参与共同补偿的前提，公共利益的实现需要各自主体自身的努力和相互协作，这可以通过三螺旋模型实现。因此，三螺旋模型为生态补偿各参与主体协同补偿提供了有益思路。

为了促进跨流域调水工程流域生态治理和生态补偿的有效实施，政府、市场主体和社会公众组织三个主体之间需要相互协作，共同维护流域生态的公共利益。尽管三者之间存在着不同的行为特征和利益追求，但是各主体的自身利益与流域生态补偿的公共利益密切相关，只有在流域生态环境良好、流域生态服务能够得到持续利用和保护的基础上，才能够实现公共利益、经济利益和社会利益的最大化。因此，各主体能够通过实现流域生态系统服务的生态补偿，实现更大的自身社会效益。在各主体追求的利益趋同的驱动下，每个螺旋主体的决策不再只考虑自身的目标和利益，而是以整个组织的利益和目标为基础，建立相互依赖、责任分担和协同合作的组织关系。通过这种方式，可以建立起适度和谐的三螺旋模型，实现三者的行为适度、利益均衡和协同合作，从而获得更好的生态效益、经济效益和社会效益。

（二）水源区生态补偿多元主体协同动力

跨流域调水工程水源区生态补偿各主体相互之间存在的非线性关系，会影响系统由无序向有序状态的演化和转变,从而影响整个生态补偿的进展。在这个过程中,序参量成为决定系统发展方向的关键变量,因为它能够通过伺服原理激活补偿主体系统的协同作用,从而成为协同动力。然而,多元主体之间存在着目标冲突、利益分离、责任不清、外部环境阻碍等阻力,这些阻力成为协同补偿的内外阻力。为了使多元主体能够协同参与生态补偿,需要加强协同动力作用,同时抑制内外阻力,促进补偿主体系统向协同有序的状态发展。

1. 多元主体间的协同阻力

在生态补偿实践中,政府、市场主体和社会公众组织的参与程度、意愿和利益均不一致,在多元协同生态补偿过程中,协调存在一定困难,其阻力不断削弱多元主体协同补偿能量,产生不利影响。阻力的大小与各主体之间的沟通协调理念、最终补偿协议的满意度及多元主体协同补偿体系的补偿能力有关。阻力越大,补偿能力越小,这与实现协同效应方向相反。其公式可表达为:

$$N = -\lambda \frac{d_\mu}{d_t} \qquad (3-16)$$

在式(3-16)中,N 表示子系统之间的阻力,λ 表示系统之间的阻力系数,μ 表示协同补偿能力,t 表示所花费的时间。

2. 多元主体间的协同合力

多元主体参与程度、意愿和利益的不一致性会导致协同补偿过程中出现阻力并且这些阻力会使补偿主体三螺旋协同关系逐步解体,降低生态补偿系统的协同效应。但多元补偿主体系统也可以产生协同合力,以克服部分阻力作用,使流域生态多元主体之间的融合,明确权利责任,合理分担补偿标准,逐步增加协同补偿的效果。跨流域调水工程水源区生态多元主体的协同合力和协同效应的提升方向是一致的。当各个主体在利益共同体的基础上,达成的先定约束力越强,则主体之间的协同合力越大。公式可表达为:

$$K = mb \qquad (3-17)$$

在式(3-17)中,K 表示主体间的协同合力,m 表示各主体之间的协作程度，b 表示主体之间的利益趋向一致。

3. 多元主体间的协同动力

跨流域调水工程水源区生态补偿多元主体可以看作一个动力学系统，其总力量计算公式如下：

$$M = K - N \tag{3-18}$$

在式（3-18）中，M 表示跨流域调水工程水源区多元主体生态补偿的总力量；K 表示总协同合力，N 表示协同阻力。当 $K<N$ 时，$M<0$，表明在多元补偿主体系统中阻力占据主导地位，系统总体表现为无序的状态；当 $K=N$ 时，$M=0$，表明阻力和合力一样，系统的无序性和有序性相融；当 $K>N$ 时，$M>0$，表明协同动力大于阻力，系统呈现有序性。

序参量动力要素是生态补偿中重要的影响因素，包括利益、权责和约束等。多元主体对生态补偿目标以及公共利益趋同，是实现协同补偿的根本动力，通过利益协调能够缓解冲突和矛盾，从而形成内在激励力量。明晰的权责体系也是实现协同补偿的重要保障，政府赋予权利使市场主体和公众媒体组织都参与生态保护和补偿，同时明确生态效益、经济效益和社会效益的补偿责任与分配，以激发系统的自主组织能力。通过法律约束、政策规制和协议约定实现补偿支付的约束机制，是协同补偿的必要基础。因此，强化协同合力作用需要使利益趋同、权责体系和约束机制三个序参量协同作用，从而促进流域生态补偿多元主体系统的自主组织和协同效应的发挥，形成良好内部环境。

（三）水源区生态补偿多元主体协同效应与协同度

1. 多元主体协同效应分析

协同效应是系统内部各子系统间协同作用产生的整体效应，其效益超过了各部分单独作用的效果。在跨流域调水工程生态多元主体协同补偿系统中，协同效应的主要途径是对政府、市场主体和社会公众组织各自分散的资源进行调整和整合，从而实现各补偿主体之间补偿量的快速分担，有效实现资源优化配置和合作共赢。这种协同作用不仅可以放大系统效能，使补偿目标得到更好的实现，而且还能促进生态保护和可持续发展的良性循环。当协同补偿机制得到充分发挥，水源区生态系统就可以得到更好的保护和恢复，同时各主体利益也得到最大化保障，最终实现经济效益、社会效益和生态效益的协调、平衡和可持续发展。

跨流域调水工程多元主体协同补偿系统协同效应可用实值函数 F 来表示，它是定义在 I（系统中要素数量）的一切子集的集上，并满足条件：

（1）$D(\phi)=0$，ϕ 表示为空集；各主体之间各自作用，则协同效应为 0。

（2）$D\{(1,2,\cdots,m)\}=\sum_i D\{(i)\}$，$i=1,2,\cdots,m$；表示主体之间有了协同合作，但未产生协同效应，并且此时三个子系统之间没有相互作用。

（3）$D\{(1,2,\cdots,m)\}>\sum_i D\{(i)\}$，$i=1,2,\cdots,m$；表示多元主体协同补偿系统的协同效应大于补偿主体开始协同时所得最大效应之和。这时系统和内部运转效率提高、收益增加。

协同理论指出，在特定条件下各子系统间通过非线性相互作用产生的协同和相干效应，是从无序向有序转化的关键。在此过程中，系统能够建立起宏观时空结构，生成一定的自组织功能，表现出整体性的涌现现象，逐渐进入新的有序状态，设跨流域调水工程多元主体协同效应为 DE，子系统功能用 D_i、D_j、$\cdots$、D_n 表示，则协同效应可用公式（3-19）表示：

$$DE = \sum_{i=1}^{n}\lambda_i D_i + \sum_{i=1}^{n}\sum_{j=1}^{n}\lambda_{ij}D_iD_j + \sum_{i=1}^{n}\sum_{j=1}^{n}\sum_{k=1}^{n}\lambda_{ijk}D_iD_jD_k + \cdots$$

$$(3-19)$$

在式（3-19）中，$\sum_{i=1}^{n}\lambda_i D_i$ 表现为子系统间的线性作用机制并且系统之间的功能是可以叠加，$\sum_{i=1}^{n}\sum_{j=1}^{n}\lambda_{ij}D_iD_j$，$\sum_{i=1}^{n}\sum_{j=1}^{n}\sum_{k=1}^{n}\lambda_{ijk}D_iD_jD_k$，表示子系统之间通过非线性作用产生的新的功能，且 $\sum_{i=1}^{n}\sum_{j=1}^{n}\lambda_{ij}D_iD_j$（$i\neq j$），$\sum_{i=1}^{n}\sum_{j=1}^{n}\sum_{k=1}^{n}\lambda_{ijk}D_iD_jD_k$（$i\neq j\neq k$），等式中的非线性项不同时为 0。根据式（3-19）可知，正增量条件下才会对多元主体协同效应产生价值和意义。

2. 多元主体协同度分析

协同度是一个系统中各组成要素之间相互协调一致的程度。在一个系统中，序参量之间的协同作用是系统从无序状态转化为有序状态的关键因素，它影响着系统变化的规律和特征。协同度是用来衡量这种协同作用的重要指标。在跨流域调水生态治理和生态补偿实践中，协同度的提高能够增强多元主体间的协同作用和整合效应，促进生态系统更好地保护和恢复，并推动经济可持续发展和社会效益的最大化。

假设跨流域调水工程的生态协同补偿的子系统表示成 X_i，$i \in [1, 3]$，Y_1 表示为政府子系统，Y_2 表示为市场子系统；Y_3 表示为公众媒体子系统。子系统 Y_i 中包含 N 个序参量，序参量的集合表示为 $q_i = (q_{i1}, q_{i2}, \cdots, q_{im})$，其中 $\beta_{ij} \leqslant q_{ij} \leqslant \alpha_{ij}$，$N \geqslant 1$，$j \in [1, m]$，$\alpha$ 表示为序参量 q_i 的上限，β 表示为下限。假设 q_{ij} 是正向指标，则系统 Y_i 的有序度为：

$$u_i(q_{ij}) = \frac{q_{ij} - \beta_{ij}}{\alpha_{ij} - \beta_{ij}}, \ i \in [1, 3], \ j \in [1, m] \tag{3-20}$$

在式（3-20）中，$u_i(q_{ij}) \in [0, 1]$，则 $u_i(p_{ij})$ 越大，序参量 q_{ij} 对系统的有序性影响也越大。根据线性加权集成法，可得公式：

$$u_i(q_j) = \sum_{j=1}^{m} v_{ij} u_i(q_{ij}), \ v_{ij} \geqslant 0, \ \sum_{j=1}^{m} v_{ij} = 1 \tag{3-21}$$

在式（3-21）中，v_{ij} 表示加权集成法的系数，$u_i(q_j) \in [0, 1]$，其值越大，系统 Y_i 的有序程度也就越高。假设在初始时刻 t_0，流域内的有序度为 $\mu_i^0(q_j)$，在演化到 t_1 时刻时，系统内的有序度为 $\mu_i^1(q_j)$，则系统 Y_i 的协同度可表示为：

$$K = \eta \sum_{i=1}^{3} v_i |\mu_i^1(q_j) - \mu_i^0(q_j)|, \ \eta \begin{cases} 1, & [\mu_i^1(q_j) - \mu_i^0(q_j)] \geqslant 0 \\ 1, & [\mu_i^1(q_j) - \mu_i^0(q_j)] < 0 \end{cases} \tag{3-22}$$

根据式（3-22）可知 K 的取值范围在 $[-1, 1]$，取值越大，系统 Y_i 的协同度越高，反之则越低。如果系统内一个子系统的有序度增加，而另一个降低，则整个系统协同度也降低。

3. 多元主体协同效应与协同度关系分析

跨流域调水工程生态多元主体补偿系统的协同作用指在补偿对象为跨流域生态服务的前提下，政府、市场主体、社会公众组织三者通过协调与配合补偿目标、补偿标准和补偿模式等要素实现协同合作，最大化流域公共利益与各补偿主体之间的利益契合度。为此，需要建立基于流域生态保护的各补偿主体之间的协作机制，确保系统整体效能（包括跨流域生态服务的生态效益、经济效益、社会效益）的最大化实现。

系统的整体效能可用式（3-23）表示：

$$TE = \sum (E_Z + E_S + E_M) \tag{3-23}$$

在式（3-23）中，TE 表示整个系统的效能，E_Z 表示政府协同的增加效能，E_S 表示为市场主体协同的增加效能，E_M 表示为公众媒体组织主体协同的增加效能。

整体协同效应为：

$$TDE = F[(X_i), Z, S, M] \tag{3-24}$$

在式（3-24）中，TDE 表示整体协同效应，Z 表示政府协同增加效能，S 表示为市场主体协同增加效能，M 表示为社会公众组织主体协同增加效能。

由此得到跨流域调水工程水源区生态补偿多元主体协同系统的协同性：

$$F = f[f_1(Y_i), f_2(Z), f_3(S), f_4(M)] \tag{3-25}$$

在任何时间 t 都必然对应着一定的协同度，可表示为：

$$F_t = f(t) \tag{3-26}$$

综上所述，可以得到生态补偿多元主体协同补偿系统协同效应与协同度的关系：

$$TDE_t = F[f^{-1}(F_t)] \tag{3-27}$$

通过式（3-27）可知，协同度越高，跨流域调水工程生态多元主体协同补偿系统协同效应也越大，协同度是衡量多元系统协同效应的第 i 个综合量化指标。

第四章　引汉济渭工程水源区生态补偿成本与收益核算

汉江是长江的最大支流，引汉济渭调水工程的实施，可将汉江引流穿过秦岭，补给黄河最大支流——渭河，以此解决陕西省关中地区水资源紧缺的问题。引汉济渭工程惠及陕西关中地区的同时，将对水源区的水资源和水环境造成影响，还会给水源区的生态环境的可持续发展带来压力。本章通过实地调研引汉济渭调水工程，对陕西引汉济渭调水工程水源区生态补偿的公众参与特征、多元主体责任分担和多元主体协同仿真进行实证研究。

一、样本特征与描述性分析

以下将对引汉济渭调水工程水源区的自然条件、生态环境现状以及经济发展状况，调查样本基本状况和水源区生态补偿的情况进行描述性分析。

（一）研究区概况

1. 自然条件概况

汉中市、安康市地处汉江源头区，属秦巴土石山区，山势陡峻，动植物资源丰富、生态环境敏感而脆弱，水源地保护区内环境风险隐患多，环境污染问题突出。汉江流域地处我国南北气候特征变化的过渡带，西部属于北亚热带季风气候，东部为北亚热带与暖温带过渡气候，气温温和，热量相对充分，四季分明，流域多年平均气温为12℃～16℃，水面蒸发在700～1100毫米，陆地蒸发在400～700毫米，多年平均降雨量为700～1800毫米，年降水量的空间分布呈现为南岸大于北岸，上游和下游大、中游小的规律，径流量年内分配不均，75%的水量集中在5～10月。流域降水资源总体比较丰富，多年平均水资源量为566亿立方米，其中，丹江口以上为384亿立方米，占流域水资源总量的70%。

2. 引汉济渭工程水源区生态环境现状

（1）生态环境敏感、水土流失严重。由于人类活动日益频繁，天然林林分变差，采矿引发的环境破坏时有发生，野生动植物的生存环境恶化，生物多样性的丰富程度受到直接威胁。再加上水源地保护区内降水年内分布严重不均，监测资料显示，每年7～9月的降水量约占全年降水量的70%，致使径流变化波动大、河水暴涨暴落，引起局部山洪泥石流、山体垮塌，加剧水土流失。

（2）环境污染问题依旧突出。涉水涉重工业企业多、污染物成分复杂，污水处理设施运行不稳定、排放水质达标难以保障。城镇生活污水、生活垃圾收集、处理配套设施不健全，农村生活垃圾和污水处理收集、处理配套设施建设严重滞后；畜禽养殖废污水、粪便基本不处理，直接用作农家肥或外排；农业生产中施用过量的化肥、农药、农膜，严重影响土壤环境质量和地表水环境质量。由于经济社会发展相对滞后，工业、城镇生活污水、生活垃圾收集与处理等环保基础设施历史问题较多，水源地环境污染问题亟待解决。

（3）环境风险。水源地保护区内环境风险隐患多，仅汉中市境内重点污染源企业、涉重金属企业（31家）、尾矿库（72座）、危险化学品储存使用企业以及西汉高速、108 国道、316 国道和 309 省道、210 省道危险化学品运输等环境安全隐患防范难度大，突发环境污染事件仍有可能对环境造成严重污染，突发性环境污染事件应急处理体系还不完善，应对突发性环境污染事件的能力亟待加强。

3. 引汉济渭工程水源区经济发展状况

汉中市、安康市是国家重点生态功能区，是国家南水北调中线工程和陕西省引汉济渭工程重要水源地，汉中市、安康市贡献了丹江口水库 75%的水量。截至 2022 年底，汉中市的全年生产总值 1905.45 亿元，比 2021 年增长 4.3%。其中，第一产业增加值为 292.30 亿元，增长 4.2%；第二产业增加值为 828.38 亿元，增长 5.8%；第三产业增加值为 784.77 亿元，增长 2.9%。人均生产总值为 59832 元，增长 4.8%。非公有制经济增加值占生产总值比重达 54.2%，战略性新兴产业增加值增长 3.5%。汉中市以航空装备制作、现代材料、绿色食药为主，并发展了农林牧渔业[①]。

2022 年，安康市的生产总值为 1268.65 亿元，比 2021 年增长 2.0%。其中，第一产业增加值为 174.56 亿元，增长 4.2%，占生产总值的比重为 13.7%；第二产业增加值为 540.07 亿元，增长 0.2%，占比为 42.6%；第三产业增加值为 554.02 亿元，增长 2.9%，占比为 43.7%。人均生产总值为 51261 元，比 2021 年增长 2.4%。全年非公有制经济增加值为 762.63 亿元，占生产总值的 60.1%，较 2021 年提高了 0.1 个百分点。安康市全市围绕富硒食品、新型材料、装备制造、生态旅游四大产业板块，农业主要盛产小麦、玉米、稻谷、蔬菜以及食用菌[②]。

（二）调查样本基本情况

如何构建引汉济渭调水工程水源区生态补偿多元主体补偿机制，如何实施

---

① 《2022 年汉中市国民经济和社会发展统计公报》。
② 《2022 年安康市国民经济和社会发展统计公报》。

协调多元补偿主体一同参与补偿，为解决上述提出的问题，将进一步分析研究引汉济渭调水工程水源区生态补偿利益相关者的参与特征，故开展引汉济渭调水工程实地问卷调研，对引汉济渭调水工程水源区生态补偿多元主体协同效应进行实证分析。

1. 数据的获取

数据的获取是基于引汉济渭调水工程的水源区所经过的乡镇、市县开展实地考察与问卷调研。在调研过程中主要考察水质、水量、生态环境状况以及周边工农业生产状况等，问卷调查的受访对象主要以引汉济渭调水工程的生态补偿的利益相关者为主，问卷内容涉及受访者的基本状况，生态补偿认知、政策、参与情况，此外还涉及参与需求、支付意愿、参与方式等。此次调研共发放 1211 份问卷，返回有效问卷 1080 份，共走访汉中市、安康市的 10 个县及相关乡镇。

2. 样本数据特征

根据统计情况，在 1080 名受访者中，男性人数略高于女性，占比为54.81%；年龄主要集中在 40~60 岁，占比为 56.12%，符合年轻人都外出务工或者求学的乡镇现象；受教育程度以初、高中或职业中专为主，占比64.44%，大专或本科以上占比为 9.17%，家庭收入水平 1 万~6 万元占比为 63.98%，收入主要来源中务农占比为 31.67%，工资性收入占比为 19.81%，务工收入占比为 27.13%，经商收入占比为 16.85%，总体上符合现阶段乡镇农村的收入水平；职业领域包含了学生、务农、个体经营、企业职员、事业单位人员、政府工作人员以及其他，占比分别为 2.96%、46.20%、18.61%、15.37%、8.98%、5.09%、2.78%，大体符合各领域人口规模占比；距离汉江流域（包含支流）最短距离 1000 米以内占比 80%。具体如表 4-1 所示。

表 4-1　调查样本的基本特征

类型	选项	样本个数（人）	比例（%）	类型	选项	样本个数（人）	比例（%）
性别	男	592	54.81	主要收入来源	务农	342	31.67
	女	488	45.19		务工	293	27.13
年龄	16~30 岁	117	10.83		经商	182	16.85
	30~40 岁	215	19.91		工资性收入	214	19.81
	40~50 岁	291	26.94		退休养老金	49	4.54
	50~60 岁	283	26.20	职业领域	学生	32	2.97
	60 岁以上	174	16.12		务农	499	46.20
受教育程度	小学及以下	253	23.43		个体经营	201	18.61
	初中	440	40.74		企业职员	166	15.37
	中专或高中	256	23.70		事业单位人员	97	8.98
	大专或本科	99	9.17		政府工作人员	55	5.09
	硕士及以上	32	2.96		其他	30	2.78
家庭年收入水平	1 万元以下	131	12.13	距离汉江流域最短距离	0~500 米	491	45.47
	1 万~3 万元	332	30.74		500~1000 米	373	34.54
	3 万~6 万元	359	33.24		1000~1500 米	155	14.35
	6 万~9 万元	136	12.59		1500~2000 米	36	3.33
	9 万~12 万元	87	8.06		2000 米以上	25	2.31
	12 万元以上	35	3.24				

（三）描述性分析

1. 引汉济渭调水工程水源区生态环境的现状分析

2018 年，陕西省为确保引水工程安全实施不受污染，颁布了《引汉济渭工程受水区水污染防治规划》（陕政函〔2018〕277 号）（以下简称《规划》）。陕西省生态环境厅为进一步推动《规划》的实施，坚持按照"先节水后调水、先防治后通水、先环保后用水"的原则，加大渭河和汉江流域水污染防治工作力度，从国考断面水质达标、饮用水水源地水质保护、黑臭水体和排污口整治等方面，积极推进《陕西省水污染防治工作方案》及年度方案各项重点任务的落实，确保《规划》受水区水生态环境有所改善。省生态厅实施了"五步走"的计划，一是加大受水区污染防治力度，二是制定不达标国考断面限期达标方案，三是加强受水区水源地规范化建设，四是实施城市黑臭水体政治环境保护专项行动，五是加大受水区排污口整治力度。

陕西省生态环境厅公布的数据显示，2022年陕西省河流总体水质优良，国家考核的111个国控断面中，Ⅰ～Ⅲ类水质断面107个，占96.4%，好于2020年7.2个百分点，优于2022年国家考核目标6.3个百分点；无劣Ⅴ类断面，好于2020年3.6个百分点，优于2022年国家考核目标2.7个百分点。在黄河流域65个国控断面中，Ⅰ～Ⅲ类比例达93.8%，无劣Ⅴ类断面，黄河（陕西段）及渭河、延河等主要支流水质全部为优。长江流域46个国控断面水质全部达到Ⅱ类以上，优良率为100%，保障了南水北调水质安全。汉江（汉中段）被生态环境部提名全国美丽河湖优秀案例并宣传推广。2023年1～3月，陕西省河流总体水质继续保持优。在111个国控断面中，实测109个断面，Ⅰ～Ⅲ类水质断面100个，占91.7%，好于2020年同期10.1个百分点。

在调研过程中也验证了上述状况，引汉济渭调水工程水源区汉江流域生态环境较好，但个别区域还存在严重的污染。在问卷受访者中，55.83%认为引汉济渭水源区汉江流域生态环境有较大改善，6.11%认为有很大改善，27.87%认为改善不大，5.28%认为毫无改善，4.91%认为生态环境已经出现恶化，具体如图4-1所示。

关于水质情况的满意度调查，38.24%比较满意，32.59%一般满意，20.65%不太满意，5.65%不满意，仅有2.87%表示非常满意。另外在水量情况的满意度调查中有39.91%表示一般满意，26.30%不太满意，25.93%比较满意，5.37%不满意，2.50%非常满意，具体如图4-2所示。综上来看，受访者对水质的满意程度好于水量的满意程度，这与汉江流域季节性流量相关，夏季雨水大，江水易暴涨，秋季阴雨天多，江水旺，冬春季节雨水少，流量小。

2. 引汉济渭调水工程水源区生态补偿政策的认知分析

在对流域生态补偿政策的认知调研中，受访者对"流域生态补偿"这一

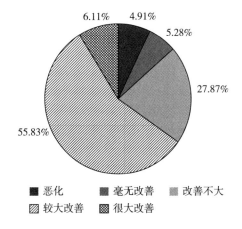

图 4-1 受访者对引汉济渭调水工程水源区汉江流域生态环境改善看法

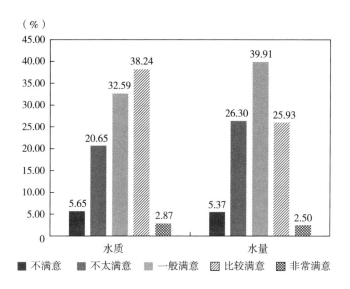

图 4-2 受访者对引汉济渭调水工程水源区汉江流域水质和水量的满意程度

说法的了解程度较低，23.43%表示不了解，36.11%不太了解，仅有28.61%、10.28%、1.57%分别表示一般了解、比较了解和非常了解，具体如图4-3所示。所以，关于生态补偿政策还需相关部门和媒体进行宣传普及，加大群众的认知程度。

3.引汉济渭调水工程水源区多元化生态补偿的障碍分析

通过上述分析，在陕西省推行《引汉济渭工程受水区水污染防治规划》

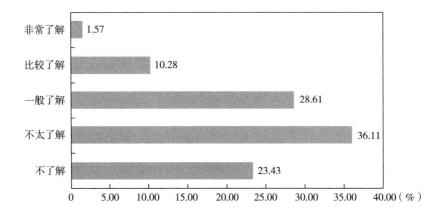

图 4-3　受访者对"流域生态补偿"说法的知晓程度

（陕政函〔2018〕277 号）之后改善了引汉济渭调水工程相关流域的生态环境，得到了引水工程线路利益相关者的认可，但是还有一些生态环境问题依然存在，这需要通过流域生态补偿机制进行辅助并发挥相应程度的作用。那么流域生态补偿机制如何能尽其所力，通过分析生态环境存在问题的原因，引出多元化生态补偿的障碍分析。对于存在问题存在的原因，在 1080 位受访者中，54.17%认为是政府监管不到位，未充分发挥政府组织和监管的作用；15.28%认为是企业缺乏社会责任，一心为己谋私利，没有承担相应的社会责任，如一些地方企业不按照有关环境标准实施污水排放；13.8%认为是居民保护环境的主动性不高，如有些受访者认为一些居民从根本上就没有想过保护环境，甚至在水域玩耍时乱扔垃圾，这些都无形中慢慢加剧了水域的污染，9.63%认为缺乏长期稳定的生态补偿长效机制，7.13%认为社会舆论的宣传、监督不到位，广泛的宣传可以进一步有效推进生态补偿政策，具体如图4-4所示。建立流域多元化生态补偿机制，充分发挥政府的组织引导者以及监管者的作用，增强企业社会责任感，调动居民积极参与流域生态补偿、环境保护的积极性，总之协调社会各方力量共同参与补偿，形成一个和谐的流域生态补偿链。

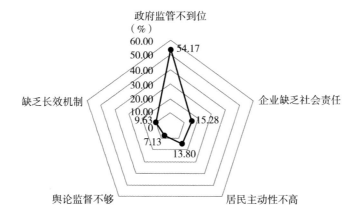

图4-4　受访者认为引汉济渭调水工程水源区生态环境依然存在的问题

具体到流域生态补偿的实施过程中，45.83%认为最应重视法律制度保障，25.09%认为最应重视补偿方式是否受用，15.74%认为补偿标准的高低比较重要，13.33%认为谁补偿谁才是关键，如图4-5所示。因此，跨流域调水工程水源区多元化生态补偿机制的建立应着重构建完善的法律制度保障，以明确补偿主客体权利、责任和义务，让更多的利益相关者参与到生态补偿中，实现多渠道补偿，从而提高生态补偿的效率。

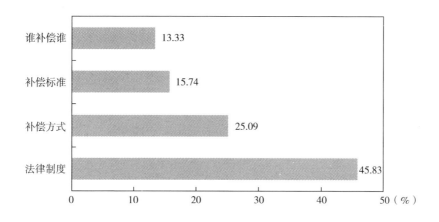

图4-5　受访者认为流域生态补偿实施过程中最应重视的问题

二、水源区生态补偿标准的核算框架

以下将对生态补偿标准进行分析，构建以生态保护成本为下限、以生态保护外溢效应为上限的生态补偿标准范围值。

（一）水源区生态保护成本核算

跨流域调水工程水源区生态保护成本是指水源区因保护、维持或恢复生态环境而投入的成本费用，包含生态保护的直接成本和机会成本。

1. 直接成本的核算

跨流域调水工程水源区生态保护直接成本是流域生态保护中实际发生的支出和费用，主要是水源区地方政府为保护水源区生态环境投入的水污染治理成本、水利基础设施建设成本、生态移民安置成本等。考虑生态保护各项直接投入在投入期到受益期的时间效应，采用市场定价法和动态核算法，按照实物、劳动力和智力投入以货币的形式计算出来。

（1）水源区生态保护直接成本的核算范围。通过对相关资料的收集整理，结合下文多元主体对水源区生态补偿标准的责任分担，对水源区多元化生态补偿的直接成本核算范围分为生态建设成本（W_{cd}）、生态保持成本（W_{rb}）和生态移民成本（W_{kb}）来进行界定，具体如表4-2所示。其中，生态建设成本是实施生态建设中人力、物力、财力的直接投入，包括基础设施建设成本、林业建设成本等。生态保持成本是为了维护水源区生态环境而进行的必要的费用支出，包括水土保持成本、水污染防治成本和相关科研投入成本等。生态移民成本是水源区为缓解自然生态压力或恢复自然生态而进行生态移民所产生的费用。

表4-2 成本指标及指标解释

成本类型	指标	指标解释
生态建设成本 (W_{cb})	基础设施建设成本	为改善水源区生态环境实施的基础设施建设工程投入，包括各项河道治理工程、生态绿化工程、节水改造工程成本等
	林业建设成本	水源区退耕还林、水源涵养林等公益林建设支出
	水污染防治成本	为保持水源区良好的水环境进行的预防和治理措施产生的费用，包括点源污染防治和面源污染防治费用
生态保持成本 (W_{rb})	水土保持成本	水源区进行的小流域综合治理、溪沟整治及坡改梯建设费用等
	相关科研投入成本	为监控水源区水质、水量建设的监测站点运行费，包括科研和实验投入以及相关仪器设备的购置费等
生态移民成本 (W_{kb})	生态移民成本	为缓解生态压力或恢复生态而进行移民所产生的费用，包括基础设施建设、移民补偿款以及技能培训费用等

（2）水源区生态保护直接成本核算方法。从数据获得的角度来看，水源区生态保护直接成本核算方法主要采用市场价值法。从时间的角度看，由于水源区生态保护和建设具有周期较长的特点，保护成本的核算往往采用静态和动态相结合的核算方法。

市场价值法是将水源区为保护生态环境投入的物力、人力以货币的形式计算出来。核算物力投入可以直接根据市场平均价格来计算各种物资的总投资额，人力总投入额可参照国家或地区的人力资源成本来计算。具体操作时，对有资料记载的，按初始投入的成本数额为依据，无法取得数据资料的，可参考当时市价进行估算。

静态核算法是计算某一年生态保护各种直接投入，或计算出一个时间段内生态保护各种直接投入的总额，再在补偿期的各个年度进行平均分配。静态核算法的缺点在于对成本的核算不考虑时间价值影响，在未来投入成本的计算中比较适合采用静态核算方法。

动态核算法是考虑生态保护各项直接投入在投入期到受益期的时间效应，先设定一个核算的基准年，将计算期内发生的现金流出量按一定的折现率进行分摊计算，从而体现出资金的机会成本。对已经发生的生态保护直接成本进行核算比较适合采用动态核算方法。计算公式如下：

$$W_b = \sum_{y=1}^{Y} W_{y_b}(1+v)^{Y-y+1} \tag{4-1}$$

在式（4-1）中，W_b 表示总保护直接成本，Y 表示连续投入费用的累计年数，W_{y_b} 表示第 y 年投入的费用（万元），v 表示社会折现率或资本的机会成本。

具体计算时，可根据某一年度工程项目处于建设期或运行期，对公式进行相应的演化，再结合成本的性态不同，有所选择地运用到每一个成本核算项目中。按照物质形态的不同，水源区生态保护过程中的各种直接投入可以分为实物投入、劳动力投入和智力投入三类。其中，实物投入是各核算指标中财力、物力等实物形态的支出，按实际投入数额为依据计算。劳动力投入是各核算指标中的人工投入，以投劳数量及当地劳动力价格为依据计算。智力投入是各核算指标中的宣传、科研、培训投入，以实际发生的科研费、培训费等为依据计算。具体核算项目可根据资本性支出和费用化支出得到具体的计算公式。

2. 水源区生态保护机会成本核算

跨流域调水工程水源区生态保护机会成本是为了保护或维持流域生态环境，水源区禁止开发各种自然资源所放弃的发展机会而造成的损失。按照受偿主体的界定，可以选择水源区地方政府、水源区沿线企业和水源区沿线住户三个核算主体进行归集。水源区地方政府的机会成本主要包括企业的就业岗位损失、税收损失等；水源区沿线企业的机会成本包括企业因合并、转产带来的利润损失以及迁移和新建厂房等发生的成本；水源区沿线住户的机会成本包括种植业收入损失和林业、渔业等非种植业收入损失。在实际运用时应根据水源区的特点和环保措施的差异进行具体核算。

由于缺乏规范成熟的方法和统一基准，间接成本核算相对于直接成本核算的争议和不确定性要大得多。在借鉴现有研究成果的基础上，本书结合跨流域调水工程水源区多元生态补偿责任分担的需要，给出基于产业分类核算和基于主体分类核算的两种生态保护间接成本核算方法，以供核算机会成本时进行选择。

（1）基于产业分类核算的水源区生态保护机会成本核算方法。水源区生态保护机会成本核算需要有合适的核算指标对水源区生态保护机会成本进行定量计算。从产业的角度来看,水源区流域生态保护对于第三产业的影响较小,对于第一产业和第二产业的影响较大。因此,机会成本可以分两类计算:一是水源区进行生态建设而损失的农业发展机会成本(W_{Jg}),如退耕还林、公益林建设、水土保持项目等造成的土地可利用率降低、收益减少等;二是水源区更严格的环境规制限制了工业企业发展而损失的发展机会成本(W_{Qg}),包括政府财政收入损失、关停并转工业企业造成的产值损失、就业岗位损失等。其计算公式为:

$$W_g = W_{Jg} + W_{Qg} \tag{4-2}$$

水源区进行生态建设而损失的农业发展机会成本(W_{Jg})的衡量可以选择与研究区域地理位置相近、农业水平相当的地区作为对照地区,选取人均第一产业增加值作为指标,以水源区进行生态保护后两地区人均第一产业增值的差值来研究水源区生态保护对当地人均第一产业增加值增速的影响,并确定当地人均第一产业增加值的损失量。计算公式如下:

$$W_{Jgn} = (J_{cn} - J_{on}) \times I_n \times O_n,\ (n = 1,\ 2,\ 3 \cdots) \tag{4-3}$$

在式(4-3)中,J_{on} 表示水源区第 n 年人均第一产业增加值,J_{cn} 表示对照地区第 n 年人均第一产业增加值,I_n 表示水源区第 n 年总人口数,O_n 表示由水源区实施生态保护后第 n 年的财政收入与当年 GDP 的比值确定的收益调整系数。

工业机会成本核算方法与农业机会成本核算方法类似,计算公式如下:

$$W_{Qgn} = (Q_{cn} - Q_{on}) \times I_n \times O_n,\ (n = 1,\ 2,\ 3 \cdots) \tag{4-4}$$

在式(4-4)中,Q_{on} 表示第 n 年人均第二产业增加值;Q_{cn} 表示对照地区第 n 年人均第二产业增加值。

(2)基于主体分类核算的水源区生态保护机会成本核算方法。水源区生态保护机会成本按照补偿客体的界定,可以选择水源区地方政府、水源区沿线企业和水源区沿线住户三个核算主体进行归集。水源区地方政府的机会成本主要包括企业的就业岗位损失、税收损失等;水源区沿线企业的机会成本包括企业因合并、转产带来的利润损失以及迁移和新建厂房等发生的成本；水源区沿线住户的机会成本包括种植业收入损失和林业、渔业等非种植业收入损失。所以，水源区生态保护机会成本是水源区地方政府、水源区沿线企业和水源区沿线住户的总和，计算公式为：

$$W_g = W_{Fg} + W_{Eg} + W_{Sg} \tag{4-5}$$

在式（4-5）中，W_g 表示水源区生态保护机会成本的总额；W_{Fg} 表示水源区地方政府因保护生态环境所遭受的损失、增加的投入，承担的机会成本；W_{Eg} 表示水源区沿线企业因引水而遭受的损失，承担的机会成本；W_{Sg} 表示水源区沿线住户个人因投资项目或领域受限所遭受的损失，承担的机会成本。

（二）水源区生态服务外溢价值评估

水源区生态保护带来的生态服务外溢价值可分为生态效益、经济效益和社会效益。其中，生态效益是对人类有益的物质和精神方面的全部价值；经济效益是被人们开发利用的且已表现为经济形式的那部分效益；社会效益是在根本上对人类社会和特定群体有利的相关效益。生态效益是基础，经济效益是最积极、最活跃的因素，社会效益是归宿。

1. 评估思路

评估水源区生态服务的外溢效益，主要是为了衡量外溢的生态、经济和社会效益，确定生态补偿中政府、市场主体和公众媒体组织所应分担的总体补偿量的比例。因此，本书并不追求对外溢的全部效益进行评估，而是只评估具有区际外部性的效益。对于生态效益、经济效益和社会效益指标的选取也侧重从政府、市场主体和公众媒体组织受益的角度来进行筛选。能通过市场交易的生态服务外溢价值增值归为经济效益，主要由市场主体来补偿，可以明确受益群体的对人类社会有益的效益归为社会效益，主要由政府和社会公众组织来补偿，其他难以找到受益群体的对人类有益的物质和精神方面的效益归为生态效益，主要由政府来补偿，具体评估指标如表4-3所示。

表4-3 生态效益指标评估

类别	评估指标
生态效益（B_1）	水源涵养效益（C_1）、土壤保持效益（C_2）、环境净化效益（C_3）、生物多样性效益（C_4）、洪水调蓄效益（C_5）、美学效益（C_6）
经济效益（B_2）	生产用水效益（C_7）、水产品效益（C_8）、旅游效益（C_9）、房地产业增值（C_{10}）、服务业增值（C_{11}）、水力发电效益（C_{12}）
社会效益（B_3）	就业效益（C_{13}）、劳动力恢复效益（C_{14}）、抗旱效益（C_{15}）、人居健康效益（C_{16}）、教育效益（C_{17}）、科学研究效益（C_{18}）

结合我国对跨流域调水工程水源区生态服务价值的确认和所具备的资料基础，初步确定的外溢效益评估指标体系（见表4-3），具体可根据不同水源区的实地情况进行选取。经济效益的指标可以按照劳动价值论，通过市场价格进行计算。生态效益和社会效益的指标可以按照效用价值论，根据不同的对象选择直接市场法、替代市场法和模拟市场法进行评估。指标权重可采用层次分析法（AHP）或德尔菲法（Delphi）来确定，最终建立水源区生态服务的外溢效益评估体系。

2. 水源区生态服务外溢生态效益评估

生态效益是经济效益和社会效益的基础，本章选取水源涵养效益、土壤保持效益、环境净化效益、生物多样性效益、洪水调蓄效益和美学效益六个具有区际外部性的生态效益关键性指标，具体评估方法如下：

（1）水源涵养效益（C_1）。采用水量平衡法，借鉴相关领域专家已有的研究成果，从林地、草地、湿地、农田四个方面进行评估。

$$C_1 = d_l + d_c + d_s + d_n \tag{4-6}$$

在式（4-6）中，C_1 表示水源区水源涵养的总效益，d_l 表示林地系统水源涵养效益，d_c 表示草地系统水源涵养效益，d_s 表示湿地生态系统水源涵养效益，d_n 表示农田生态系统水源涵养效益。

（2）土壤保持效益（C_2）。跨流域调水工程水源区生态系统的土壤保持价值在于减少土壤肥力损失和减轻泥沙滞留、淤积，前者主要由林地系统产生，后者体现在林地生态系统和河流生态系统两个方面。计算公式为：

$$C_2 = d_{lf} + d_{ln} + d_{hn} = Z \sum (h_y P_y) + \frac{Z}{r} LC_k + S_j C_k \tag{4-7}$$

在式（4-7）中，C_2 表示水源区土壤保持总效益；d_{lf} 表示林地生态系统减少土壤肥力损失的价值（元/平方千米）；d_{ln} 表示林地生态系统减轻泥沙滞留和淤积的价值（元/年）；d_{hn} 表示河流生态系统减轻泥沙滞留与淤积的价值；Z 表示单位面积森林植被年平均土壤保持总量；P_y 表示林地土壤中第 y 类养分市场价格（元/吨）；h_y 表示第 y 类养分含量（千克/吨）；r 表示土壤容重（吨/立方米）；L 表示泥沙淤积比例；C_k 表示水库单位库容每年需投入成本（元/立方米）；S_j 表示河流年均输沙量。

（3）环境净化效益（C_3）。跨流域调水工程水源区生态系统中湿地生态系统与河流生态系统对环境具有显著净化能力，大多是估算水体在去除氮、磷方面的水质净化价值作为环境净化效益。计算公式为：

$$C_3 = d_{sD} + d_{sL} + d_{tD} + d_{tL} = (M_{sD}A_s + M_{tD}A_t)P_D + (M_{sL}A_s + M_{tL}A_t)P_L \tag{4-8}$$

在式（4-8）中，C_3 表示水源区环境净化的总效益；d_{sD}、d_{tD} 分别表示湿地、水体除氮功能价值（万元/年），d_{sL}、d_{tL} 分别表示湿地、水体除磷功能价值（万元/年）；A_s、A_t 分别表示湿地、水域面积（平方千米），M_{sD}、M_{tD} 分别表示单位面积湿地氮、水域氮的平均去除率（吨/平方千米·年）；P_D 表示氮处理成本（元/吨）；M_{sL}、M_{tL} 分别表示单位面积湿地磷、水域磷的平均去除率（吨/平方千米·年）；P_L 表示磷处理成本（元/吨）。

（4）生物多样性效益（C_4）。生物多样性效益即各类生态系统所提供的物种多样性、遗传多样性等方面具有经济意义的价值，因生物多样性很难量化，将采用替代市场法来核算生物多样性的效益。计算公式为：

$$C_4 = \sum_{v=1}^{5} P_v S_v \tag{4-9}$$

在式（4-9）中，C_4 表示水源区各生态系统生物多样性维持价值（万元/年），v 表示生态系统水域、湿地、草地、农田、森林的类别，P_v 表示第 v 类生态系统单位面积生物多样性维持价值（元/平方千米·年），S_v 表示第 v 类生态系统的面积（平方千米）。

（5）洪水调蓄效益（C_5）。跨流域调水工程水源区的调出水量除了水源涵养功能外，对水源区洪水调蓄亦有很大影响，洪水调蓄效益可通过以下公式计算：

$$C_5 = PL \qquad (4-10)$$

在式（4-10）中，C_5 表示调蓄洪水效益，L 表示各类生态系统水源涵养量，P 表示单位库容造价（元/立方米）。

（6）美学效益（C_6）。跨流域调水工程水源区生态系统所产生的美学效益也是全社会在受益。可以采用费用支出，并通过水资源景观的写生价值核算美学效益：

$$C_6 = \sum P_v \qquad (4-11)$$

在式（4-11）中，C_6 表示水源区的水资源产生的美学效益，P_v 表示艺术工作者到河流附近写生产生的各种费用。

3. 水源区生态服务外溢经济效益评估

经济效益是跨流域调水工程水源区生态服务价值中最积极、最活跃的因素，按照从跨流域调水工程水源区生态服务中获得价值增值的市场主体来考量，选取了生产用水效益、水产品效益、旅游效益、房地产业增值、服务业增值和水力发电效益六个重要指标。

（1）生产用水效益（C_7）。水源区生态保护外溢的具有生产价值的水资源主要是受水区的农业和工业生产用水，可以采用市场价值法进行评估：

$$C_7 = x_{C_7}(L_n P_n + L_g P_g - S_{C_7}) \qquad (4-12)$$

在式（4-12）中，C_7 表示水源区的水资源给受水区带来的生产价值，x_{C_7} 表示水源区水资源对受水区生产用水收益的贡献系数。L_n、L_g 分别表示受水区农业与工业用水的实际取水量，P_n、P_g 分别表示受水区农业与工业用水的平均市场价格，S_{C_7} 表示受水区的各项用水成本。

（2）水产品效益（C_8）。水源区的生态保护为受水区鱼类养殖业提供了良好的条件，形成了外溢的水产品效益，其计算公式为：

$$C_8 = x_{C_8} \sum (L_v P_v - S_v) \tag{4-13}$$

在式（4-13）中，C_8 表示水源区外溢的水产品效益，x_{C_8} 表示水源区对受水区水产品效益的贡献系数，L_v 表示各种水产品的产量，P_v 表示各种水产品的市场价格，S_v 表示各类水产品的生产成本。

（3）旅游效益（C_9）。水源区外溢给受水区的旅游效益，可以运用比例折算法进行评估，计算公式如下：

$$C_9 = x_{C_9} \alpha (Y_s - S_{C_9}) \tag{4-14}$$

在式（4-14）中，C_9 表示水源区外溢给受水区的旅游效益，x_{C_9} 表示水源区对受水区旅游效益的贡献系数，Y_s 表示水利风景区的年收益，α 表示水生态系统在旅游总收入中所占比例，S_{C_9} 表示水利风景区年运行成本。

（4）房地产业增值（C_{10}）。跨流域调水工程受水区附近的房地产业带来了额外收益，房地产业的增值应考虑跨流域调水工程实施前后造成的价格差异，具体公式为：

$$C_{10} = \beta (Y_q - Y_{q0}) \tag{4-15}$$

在式（4-15）中，C_{10} 表示跨流域调水工程受水区房地产业增值，β 表示房地产业的影响因子，Y_{q0}、Y_q 分别表示跨流域调水工程实施前后受水区房地产的平均收益。

（5）服务业增值（C_{11}）。跨流域调水工程为受水区附近的交通、住宿、饮食等多种服务业带来了额外收益，由于直接数据难以获得，故而采用间接法，计算公式如下：

$$C_{11} = \theta (G_i - G_{i0}) \tag{4-16}$$

在式（4-16）中，C_{11} 表示服务业因受水区生态环境改善而实现的增值，θ 表示服务业的水生态环境影响因子，G_{i0}、G_i 分别表示生态环境改善前、后服务业近三年的年平均产值。

（6）水力发电效益（C_{12}）。水源区的水资源外溢给受水区的水力发电效益，可以通过市场价值法来核算：

$$C_{12} = x_{C_{12}}(D_h P_h + D_s P_s - S_{C_{12}}) \tag{4-17}$$

在式（4-17）中，C_{12} 表示水资源外溢给受水区的水力发电效益，$x_{C_{12}}$ 表示水源区对受水区水力发电效益的贡献系数，D_h、D_s 分别表示生活、生产用电量，P_h、P_s 分别表示生活、生产用电价格，$S_{C_{12}}$ 表示利用水力发电的成本。

4. 水源区生态服务外溢社会效益评估

生态服务的社会效益是生态效益和经济效益的归属，按照可以找到区域或特定受益群体的思路，本章选取了就业效益、劳动力恢复效益、抗旱效益、人居健康效益、教育效益和科学研究效益六个关键社会效益指标。

（1）就业效益（C_{13}）。水源区生态保护促进了水源区的就业，其效益计算方法如下：

$$C_{13} = x_{C_{13}}\bar{r}(J_z + J_u) \tag{4-18}$$

在式（4-18）中，C_{13} 表示水源区外溢的就业效益，$x_{C_{13}}$ 表示水源区对受水区就业效益的贡献系数，$\bar{r}$ 表示研究区域当年的平均工资水平，J_z、J_u 分别表示生态治理中创造的直接、间接就业机会。

（2）劳动力恢复效益（C_{14}）。水资源也促进了受水区居民的劳动力恢复效益，可按生活用水量进行简单计算：

$$C_{14} = x_{C_{14}} \cdot L_q \cdot P_q \cdot M \tag{4-19}$$

在式（4-19）中，C_{14} 表示劳动力恢复效益，$x_{C_{14}}$ 表示水源区对受水区劳动力恢复效益的贡献系数，L_q 表示人均年生活用水量（m^3），P_q 表示当地生活用水价格，M 表示该区域人口数。

（3）抗旱效益（C_{15}）。水源区水利设施的兴建还为受水区带来了抗旱效益：

$$C_{15} = x_{C_{15}}\sum_{i=1}^{y}\frac{S_i}{y} \tag{4-20}$$

在式（4-20）中，C_{15} 表示水源区外溢给受水区的抗旱效益，$x_{C_{15}}$ 表示水源区对受水区抗旱效益的贡献系数，S_i 表示旱灾年该区域的经济损失，y 表示发生灾害的年度。

（4）人居健康效益（C_{16}）。水源区生态保护对流域水质的改善也降低了受水区居民患病的概率，其效益为：

$$C_{16} = \gamma Q (F - F_0) \qquad (4-21)$$

在式（4-21）中，C_{16} 表示水源区外溢给受水区的人均健康效益，γ 表示该区域的工资调整系数，Q 表示该区域人口数，F_0、F 分别表示生态环境治理前、后受水区人均医疗费用支出。

（5）教育效益（C_{17}）。跨流域调水工程能够为受水区的研学旅行和宣传带来方便，产生了外溢的教育效益：

$$C_{17} = \sum_{n=1}^{n} (F_n + P_n) \qquad (4-22)$$

在式（4-22）中，C_{17} 表示水源区外溢给受水区的教育效益，F_n 表示学校组织学生前往该地研学旅行产生的各种费用；P_n 表示各部门组织到该地进行水资源生态文明宣传的费用。

（6）科学研究效益（C_{18}）。跨流域调水工程带来的科学研究效益，可依据对其开展研究发表论文的价值来估算：

$$C_{18} = L \times v \times Y \times f \qquad (4-23)$$

在式（4-23）中，C_{18} 表示科学研究效益，L 表示研究年度发表的相关论文数量，v 表示下载论文的次数，Y 表示平均每篇论文的页数，f 表示下载论文收费标准。

5. 外溢价值组成部分的权重

以上分别对跨流域调水工程水源区生态服务外溢生态效益、经济效益和社会效益进行评估，结果可以作为政府、市场主体和社会公众组织进行责任分担的依据。外溢的综合效益则可以作为跨流域调水工程水源区生态补偿标准的上限。在进行外溢综合效益评估时，并不是对以上所有效益的简单加总，需要对这些效益进行整合分层，修正权重。由于生态系统的复杂性和功能的多重性，本章认为由萨蒂提出的层次分析方法（Analytic Hierarchy Process，AHP）可以较好地分析并赋予权重。

用 AHP 法确定权重的具体步骤为：

第一步：建立层次结构模型。把跨流域调水工程水源区生态服务外溢效益作为目标层 A，把生态效益、经济效益和社会效益作为准则层 B，把生态效益、经济效益、社会效益各细化出的 6 项指标、共 18 项指标作为方案层 C，如表 4-4 所示。

表 4-4　跨流域调水工程水源区生态服务外溢效益评估指标体系

目标层（A）	准则层（B）	方案层（C）
外溢效益评估	生态效益（B_1）	水源涵养效益（C_1）
		土壤保持效益（C_2）
		环境净化效益（C_3）
		生物多样性效益（C_4）
		洪水调蓄效益（C_5）
		美学效益（C_6）
	经济效益（B_2）	生产用水效益（C_7）
		水产品效益（C_8）
		旅游效益（C_9）
		房地产业增值（C_{10}）
		服务业增值（C_{11}）
		水力发电效益（C_{12}）
	社会效益（B_3）	就业效益（C_{13}）
		劳动力恢复效益（C_{14}）
		抗旱效益（C_{15}）
		人居健康效益（C_{16}）
		教育效益（C_{17}）
		科学研究效益（C_{18}）

第二步：构造指标重要性判断矩阵。用 1~9 标度构造 A-B、B_1-C、B_2-C、B_3-C 4 个比较判断矩阵，由该领域的专家进行二者之间对比依次判断评

分，通过计算判断矩阵的特征根和特征向量，求出下层元素对于上层元素的单因子权重，然后再由不同层次的单因子权重，得到每一个指标相对于综合效益的组合权重。

第三步：检验权重判断矩阵的一致性。一致性指标 CI 的计算公式为：

$$CI = \frac{\lambda_{max}}{n-1} \tag{4-24}$$

在式（4-24）中，n 表示矩阵阶数，CI 值越大一致性越差，当 $CI = 0$ 时表示完全一致。一致性比率为：

$$CR = \frac{CI}{RI} \tag{4-25}$$

在式（4-25）中，平均随机一致性指标 RI 可通过查表获得。当 $CR <$ 0.1 时，可判断矩阵一致性检验通过，否则需适当修正。最终求出各位专家结果的平均值得到最终权重。

三、引汉济渭调水工程水源区生态补偿多元主体责任分担

本节将根据前文第二章界定的补偿标准范围以及第三章中提出的责任分担原则，对引汉济渭调水工程水源区生态补偿进行生态保护成本、生态服务外溢的生态效益、经济效益以及社会效益进行评估核算，再根据分担原则，计算出相应主体的分担额。

（一）引汉济渭调水工程水源区生态保护成本核算

为了保障"一江清水送西安"，2014 年汉中市以三年行动为主线，成立专门机构，全力推进汉江流域污染防治工作。引汉济渭调水工程水源区（主要

汉中市佛坪县、洋县以及安康市宁陕县）进行了一系列的生态治理与环境保护措施，为水源区的改善投入了大量的直接成本，并且损失了机会成本。

1. 引汉济渭调水工程水源区生态保护直接成本核算

水源区生态保护直接成本就是生态保护实际的投入成本。引汉济渭调水工程地跨长江、黄河两大流域，从陕南汉中市洋县、佛坪县的汉江流域调水至关中渭河流域。2014 年，陕西省陆续开展汉江流域综合整治，汉中市为全力打好水源保护攻坚战，确保水源区水质达标，水源地环境安全，开展了为期三年的汉江流域污染防治行动，每年至少投资 1000 万元用于综合整治。安康市也从 2014 年以来开展了汉江流域综合整治行动，保障水源地环境安全、水质达标。流域综合整治投资为水源区生态保护成本的计算提供了依据，本次计算主要以综合治理工程建设投资支出作为核算对象。

根据汉中市、安康市以及洋县、佛坪县、宁陕县各人民政府公布的资料，收集相关生态保护成本的建设投资数据，并按照上一部分所确定的流域生态保护直接成本核算类型与指标，归类统计结果如下：2014~2018 年，水源区综合治理的生态建设成本（W_{cd}）总投资额为 10.4165 亿元，包含防洪治理工程和河道综合整治、排洪沟等工程，新建、重建、整修加固河堤，实施绿化工程，生态修复工程等，以生态建设与农村环保为重点，着力构筑生态保护屏障。生态保持成本（W_{rb}）总投资额为 2.74 亿元，包含涉水重点行业污染防治，累计实施深度治理项目 275 个，建设污染处理设施 412 台，淘汰关停重污染企业和生产线 63 家，从源头解决水环境污染，对三个县区的污水处理厂、垃圾填埋场全部建成投运，新增污水管网、改造污水管网约 1000 千米。生态移民成本（W_{kb}）总投资额为 43.12 亿元，主要用于移民搬迁 10375 人，农村集中安置点 16 个，集镇迁建移民安置点 4 个，搬迁处理小型企业 4 个，复建公路 6 条以及电力、通信等专项设施。

引汉济渭调水工程水源区综合治理工程项目核算基准年为 2014 年，项目投资建设期为 4 年，成本计算选取 2021 年，各年现金流量的社会折现率

（v）选用8%，根据《水利建设项目经济评价规范》（SL72-94）的规定，项目的正常运行期（n）取50年。结合公式（4-1）和李彩红（2014）所使用的演化公式，计算得到2021年投入的生态建设成本（W_{cb}）约为7665.88万元，投入的生态保持成本（W_{rb}）约为183.98万元，投入的生态移民成本（W_{kb}）约为3150.32万元。因此，可得2021年水源区政府投入的总生态保护直接成本（W_b）大约为11000.18万元，具体如表4-5所示。

表4-5　2021年引汉济渭调水工程水源区生态保护直接成本数额

种类	成本类型	2021年投资额（万元）
引汉济渭调水工程水源区生态保护直接成本（W_b）	生态建设成本（W_{cb}）	7665.88
	生态保持成本（W_{rb}）	183.98
	生态移民成本（W_{kb}）	3150.32

2. 引汉济渭调水工程水源区生态保护机会成本核算

在水源区生态保护中所实施的水源涵养区禁止开发各种自然资源，所造成的损失就是生态保护机会成本。例如，汉中市实行了汉江禁捕，淘沙等措施。引汉济渭水源区主要在汉中市的佛坪县与洋县，在保护水源地和汉江的过程中，佛坪县与洋县产生了大量的机会损失。选用第二章中产业分类核算方法，选取宝鸡市作为对照，计算2021年佛坪县、洋县、宁陕县的机会损失成本，对引汉济渭调水工程水源区生态保护机会成本进行核算。

由于流域生态保护对第三产业影响较小，故本章只对第一产业和第二产业进行机会成本的核算。将机会成本分为：农业发展机会成本（W_{Jg}）、工业发展机会成本（W_{Qg}），把公式（4-3）代入计算可得第一产业的机会成本（W_{Jg}）约为-2652.09万元；把式（4-4）代入计算可得第二产业的机会成本（W_{Qg}）约为20515.68万元。那么，2021年水源区损失的机会成本（W_g）约为17863.59万元，具体如表4-6所示。

表4-6 2021年引汉济渭调水工程水源区生态保护机会成本的数额

种类	成本类型	地区	产业增加总值（万元）	总人口数（户籍）	人均产业增加值（万元）	收益调整系数	2021年成本（万元）
引汉济渭调水工程水源区生态保护间接成本	第一产业机会成本（W_{Jg}）	洋县	380800	443648	0.8583	0.0165	-2652.09
		佛坪县	23082	32360	0.7133	0.0230	
		宁陕县	62700	69709	0.8995	0.0247	
		水源区	466582	545717	0.8550	0.0178	
		宝鸡市	2171100	3734300	0.5814	—	
	第二产业机会成本（W_{Qg}）	洋县	888700	443648	2.0032	0.0165	20515.68
		佛坪县	24574	32360	0.7594	0.0230	
		宁陕县	56500	69709	0.8105	0.0247	
		水源区	969774	545717	1.7771	0.0178	
		宝鸡市	14539500	3734300	3.8935	—	

资料来源：根据《汉中市统计年鉴2022》《宝鸡市统计年鉴2022》的相关数据计算所得。

根据以上计算结果，水源区的生态保护直接成本为11000.18万元，机会成本约为17863.59万元，生态保护总成本约为28863.77万元，总成本便是生态补偿标准的下限，是受水区对水源区生态补偿支付下限的主要依据。

（二）引汉济渭调水工程水源区生态服务外溢价值评估

为了核算水源区生态检核和生态保护给受水区带来的生态效益、经济效益、社会效益，将运用上一部分构建的流域生态服务外溢效益评估指标体系，对水源区外溢的生态服务外溢效益进行评估。

1. 引汉济渭调水工程水源区生态服务生态效益评估

（1）水源涵养效益（C_1）的估算。引汉济渭调水工程水源区的水源涵养主要源于林地生态系统，总效益计算采用综合蓄水能力法，根据康文星和田大伦（2001）森林生态系统水源涵养价值计算公式求得。根据相关部门公布的汉中市水资源资料，2021年，水源区年降水1324毫米，汛期（5~9月）平均降水量1002毫米。根据我国水库单位库容年投入成本2.17元（1993~1999年），结合姜曼（2009）、李彩红（2014）所使用的参数和公式，计算得到水源区林地系统水源涵养总量约为 11969.58 万立方米，水源涵养总效益为 25973.99 万元。

（2）土壤保持效益（C_2）的估算。水源区外溢的土壤保持功能指的是主要由林地生态系统提供的减轻泥沙滞留和淤积的价值。根据国家统计局、汉中市、安康市自然资源局相关资料以及我国土壤侵蚀的相关学术成果，本章将选取林业年均收益为 28217 元/平方千米、无林地的土壤侵蚀模数选取 31980 立方米/平方千米·年，土壤表土平均厚度选取 0.6 米，土壤容重选取 1.18 吨/米，求得水源区林地生态系统减少的土壤侵蚀量约为 2175.24 万吨。采用影子工程法，单位库容的水库工程费用选用 2.17 元（1993～1999 年平均年价格），泥沙滞留和淤积比例选取 24%，则由公式（4-7）可计算求得其减少泥沙滞留与淤积的价值（C_2）约为 960.06 万元。

（3）环境净化效益（C_3）的估算。环境净化效益主要表现在：水源区对整个受水区的环境有净化作用。水源区水域面积，根据第三次全国国土调查结果洋县、佛坪县以及宁陕县的河流水域面积为 8461.17 公顷，结合式（4-8），M_{tD} 选取 398 吨/平方千米·年，P_D 选取 1500 元/吨（采用的生活污水处理成本），M_{tL} 选取 186 吨/平方千米·年，P_L 采用 2500 元/吨，计算可得环境净化总效益为 8985.58 万元。

（4）生物多样性效益（C_4）的估算。生物多样性的价值主要是对水源区、受水区影响的水域生态系统，其效益的估算采用代替市场法，采用谢高地等（2015）所使用的单位水域面积生态系统生物多样性服务价值当量因子 2.55，2010 年 1 当量因子的经济价值为 3406.5 元/公顷，根据水源区 2010 年和 2021 年主要粮食生产情况以及粮食成本收益变化情况，并结合谢高地等（2015）当量因子的经济价值量计算公式，将 2021 年水源区 1 当量因子的经济价值量修正为 3987.96 元/公顷。2021 年水源区水域面积为 8200.27 公顷，根据式（4-9），计算出水源区生态系统提供的生物多样性效益为 8339.09 万元。

（5）洪水调蓄效益（C_5）的估算。水源区的洪水调蓄价值主要由水库生态系统提供。根据相关资料，水源区流域内水库大概有100座，总库容1.35亿立方米，单位库容投入按2.17元，代入式（4-10）计算可得2021年水源区的洪水调蓄效益为29295万元。

（6）美学效益（C_6）的估算。因引汉济渭调水工程于2023年7月中旬刚通水，流域的美学景观服务价值还未充分体现，因此水源区美学效益的估算仍采用替代市场法。故单位水域面积生态系统美学景观服务价值当量因子值采用谢高地等（2015）所使用的数值，即1.89，2021年水源区1个当量因子的经济价值量为3987.96元/公顷。根据2021年水源区水域面积为8200.27公顷，可计算得到水源区生态系统提供的美学效益为6180.74万元。

2. 引汉济渭调水工程水源区生态服务经济效益评估

（1）生产用水效益（C_7）的估算。生产用水价值主要是受水区的农田灌溉、工业用水。由于引汉济渭调水工程刚刚通水，关于生产用水量还未获得具体数据，还无法准确估算生产用水效益。根据该工程的分期配水的实施方案，计划2020年、2025年调水量分别达到5亿立方米、10亿立方米，估算2021年调水量约达到6亿立方米。根据《2021陕西省水资源公报》公布的各市县用水结构数据，估算工、农业用水量所占百分比（见表4-7）。根据引水总量以及调水量，可计算得出农田灌溉、工业用水分别约占调水量的41.81%、9.19%，即计算可得农田灌溉调水量2.50亿立方米，工业用水调水量0.55亿立方米，根据2021年现行农田灌溉水费取0.27元/立方米，工业水费取0.72元/立方米，那么可得农业用水效益为6750万元，工业用水效益为3960万元，生产用水效益为10710万元。根据李彩红（2014）计算的引汉济渭水源区效益贡献系数为0.37，代入式（4-12），可得2021年水源区的生产用水效益为3962.7万元。

表4-7　2021年受水区市县工、农业用水结构　单位：亿立方米

行政区	总用水量	农田灌溉	所占比例（%）	工业用水	所占比例（%）
西安	18.61	3.77	20.26	1.73	9.30

续表

行政区	总用水量	农田灌溉	所占比例（%）	工业用水	所占比例（%）
咸阳	8.63	5.07	58.75	0.89	10.31
渭南	12.82	7.91	61.70	1.06	8.27
杨陵区	0.42	0.11	26.19	0.06	14.29
受水区	40.48	16.86	41.65	3.74	9.24

（2）水产品效益（C_8）的估算。水产品效益是指利用水利建设项目提供的水域发展水产养殖所获得的效能与利益。水源区良好的生态保护以及规划的调水都对受水区鱼类养殖业提供了良好的条件，形成了外溢的水产品效益。根据《汉中市汉江水质保护条例》，2021 年渭河流域水产品 5.62 万吨，而 2021 年渭河流域沿岸区县的水资源总量为 60.52 亿立方米，渭河入境水资源总量为 22.3 亿立方米，渭河水资源占比为 36.85%，汉江流域 2021 年水产品 97.83 万吨，2021 年汉江流域沿岸区县水资源总量为 553 亿立方米，汉江入境水资源总量为 125.7 亿立方米，汉江水资源占比为 22.73%。再按照汉江外溢效益的贡献比例为 0.25，渭河流域主要水产品的产量、价格、生产成本（见表 4-8），代入式（4-13）计算得到 2021 年汉江流域对渭河外溢的水产品效益约为 17380.2 万元。

表 4-8　2021 年渭河流域主要水产品产量　　　　　　　　单位：元/亩

主要水产品种	鲤鱼	草鱼	虾类
价格	18000	8000	7500
生产成本	9500	2000	2400
利润	8500	6000	5100

（3）旅游效益（C_9）的估算。引汉济渭调水工程所产生的旅游效益主要集中在洋县和佛坪县的景区，主要由三河口库区、黄金峡库区以及大黄路沿线

组成，黄金峡库区位于汉江的上游，三河口库区位于渭河的下游，根据两县的《2021 年国民经济和社会发展统计公报》数据，估计 2021 年引汉济渭水利风景区的旅游综合收入约 54.72 亿元，按照国家旅游局统计的旅游总收入中水生态系统作用比例为 12.3%，引汉济渭外溢效益的贡献比例为 0.35，代入式（4-14）可求得引汉济渭外溢的旅游效益为 20285 万元。

（4）房地产业增值（C_{10}）的估算。引汉济渭工程水源区汉中市的洋县主打的房地产业有汉水丽园（200000 平方米）、锦绣盛景（260000 平方米）、文同御府（102609 平方米）、兴庆家园（23000 平方米）、汉水华府（228000 平方米）、学府花园（170782 平方米）等七家住宅小区，总建筑面积约为 98.43 万平方米，受南水北调中线水源区生态环境的改善，每平方米平均多售 500 元。流域良好的生态环境为其附近的房地产业带来了额外收益，房地产业的增值应考虑环境改善前后的因素和由离河岸距离的不同产生的价格差异，考虑外溢效益的贡献比例为 0.25，代入式（4-15）得外溢房地产业增值为 12303 万元。

（5）服务业增值（C_{11}）的估算。受水区因为流域内水流量增加，水域生态环境得以改善，从而带动沿岸地区旅游、交通、餐饮等服务业的发展，带来额外的经济收益，但由于难以直接获得相关数据，故而采用间接法进行研究。由于生态环境改善前、后服务业近三年的年平均产值之差因一些原因的影响无法得到预期理想值，故根据近六年服务业产值平均差值 200533 万元代替，外溢效益贡献度按照 0.37，水生态作用比例按照 0.123，代入式（4-16）中计算得到 2021 年服务业增值约为 69391.18 万元。

（6）水力发电效益（C_{12}）的估算。引汉济渭调水工程现已建成三河口水利枢纽子午水电站、黄金峡水利枢纽水电站以及渭河流域大、中、小型水电站。子午水电站是引汉济渭三河口水利枢纽的坝后电站，位于陕西汉中市佛坪县和安康市宁陕县交界的子午河河谷段，共设四台机组，多年平均发电量 1.22 亿千瓦时。黄金峡水利枢纽水电站共装设三台机组，多年平均发电量

3.51亿千瓦时。渭河流域水电站多年发电平均总量为0.15亿千瓦时。综上所述，多年平均发电量为4.88亿千瓦时，2021年居民生活单位电价为0.5元/千瓦时，水源区外溢效益贡献比例为0.37，计算得到水力发电价值为9028万元。

3. 引汉济渭调水工程水源区生态服务社会效益评估

(1) 就业效益（C_{13}）的估算。水源区生态建设、保护工程的实施，为当地农村和城市居民提供大量的就业岗位，增加了一部分的就业效益。水源区生态环境的改善，在一定程度上给当地居民带来不少间接的就业机会。根据相关统计，水源区相关工程的实施与产业发展每年提供近10000个工作岗位，按照2021年水源区执行的最低工资标准为1750元/月，水源区外溢效益贡献比例为0.37，代入式（4-18）可得其为受水区带来的就业效益为647.5万元。

(2) 劳动力恢复效益（C_{14}）的估算。引汉济渭水源区的生态保护间接涵养了受水区的地下水资源，具有一定的劳动力恢复价值。根据调水工程的调水分配量，以及根据《2020陕西省水资源公报》的生活用水占比为8.64%，计算得到2021年受水区调水量为0.52亿立方米，按照2021年陕西省居民生活用水水价为3.5元/立方米，根据外溢效益贡献比例为0.37，代入式（4-19）得到受水区带来的劳动力恢复效益为6734万元。

(3) 抗旱效益（C_{15}）的估算。汉江流域水资源为渭河流域带来了不小的抗旱效益。根据国家应急管理部门相关数据记载，2019年的大旱给陕西省带来的直接经济损失为4.8亿元，2021年直接经济损失为3.936亿元，与大灾年相比，平灾年可以减少的直接经济损失为0.432亿元。按照汉江外溢效益的贡献比例为0.25，代入式（4-20）得到汉江流域为渭河流域带来的抗旱效益为1080.00万元。

(4) 人居健康效益（C_{16}）的估算。水源区的生态建设与生态保护大大减少了流域污染，改善了人居环境，这样可以大大减少周边居民因污染引起的疾病概率，产生了人居健康效益。因本项费用支出难以统计，故此项效益的估算使用间接法求取。根据李彩红（2014）求得的引汉济渭调水工程沿线劳动力恢复效益与人居健康效益相关系数（1.36），可求得水源区外溢的人居健康效益为4951.47万元。

（5）教育效益（C_{17}）的估算。引汉济渭沿岸的研学旅游基地主要有汉中市中小学综合教育基地、诸葛古镇景区、青木川古镇基地、兴汉胜境景区，每年约15万中小学前去研学，若每个学生的旅游费用500元，考虑外溢效益贡献比例为0.25，代入式（4-22）可得外溢教育增值为1875万元。

（6）科学研究效益（C_{18}）的估算。渭河是陕西省主要的水源，而引汉济渭调水工程是"十三五"时期国务院确定的重大水利工程之一，该调水工程的成功实施实现了长江与黄河在关中大地的成功"握手"，惠及流域面积达1.4万平方千米，受益人口1411万，成为开展流域水资源科学研究的重要样本之一。根据中国知网期刊文献数据库显示，2021年度发表60篇以引汉济渭调水工程、水源区以及受水区为研究主题的学术论文，已累计下载680003页，按论文下载0.5元/页，水源区外溢价值贡献比例为0.37，代入式（4-23）可得外溢的科学研究效益为12.58万元。

由以上可得引汉济渭调水工程生态服务外溢效益为167120.2万元，其中生态效益为79734.46万元，占比48%；经济效益为72085.15万元，占比43%；社会效益为15300.55万元，占比9%。具体如表4-9所示。

表4-9　2021年引汉济渭调水工程水源区生态服务外溢效益（A）评估结果

准则层（B）	指标层（C）	评估结果（万元）	小计（万元）	占比（%）
生态效益（B_1）	水源涵养效益（C_1）	25973.99	79734.46	48
	土壤保持效益（C_2）	960.06		
	环境净化效益（C_3）	8985.58		
	生物多样性效益（C_4）	8339.09		
	洪水调蓄效益（C_5）	29295.00		
	美学效益（C_6）	6180.74		

续表

准则层（B）	指标层（C）	评估结果（万元）	小计（万元）	占比（%）
经济效益（B_2）	生产用水效益（C_7）	3962.70	72085.15	43
	水产品效益（C_8）	17380.20		
	旅游效益（C_9）	20285.00		
	房地产业增值（C_{10}）	12303.00		
	服务业增值（C_{11}）	9126.25		
	水力发电效益（C_{12}）	9028.00		
社会效益（B_3）	就业效益（C_{13}）	647.50	15300.55	9
	抗劳动力恢复效益（C_{14}）	6734.00		
	抗旱效益（C_{15}）	1080.00		
	人居健康效益（C_{16}）	4951.47		
	教育效益（C_{17}）	1875.00		
	科学研究效益（C_{18}）	12.58		
外溢效益（A）		167120.20（万元）		

本章对引汉济渭调水工程水源区的生态服务外溢效益评估侧重于外部性效益，所以生态服务效益数值小。其原因在于仅评估了水体和林地生态系统的效益，其他生态系统（湿地、农田等）并未评估；经济效益、社会效益的评估主要是以受水区为受益主体进行总括，然后根据上游贡献比例计算。

第五章　跨流域调水工程水源区生态补偿多元主体责任分担与协同效应实证分析

一、引汉济渭调水工程水源区生态补偿责任分担分析

（一）区域责任分担

1. 补偿区域和受偿区域责任分担

引汉济渭调水工程水源区主要包括宁陕县、洋县、佛坪县，为受偿区域，受水区主要包括西安市、咸阳市、渭南市，为补偿区域。水源区是流域生态保护的主体，其为保护水源区的生态环境付出了大量的生态保护成本，是生态补偿受偿主体；反过来生态保护也让水源区成为最大受益者，所以也应承担相应的生态保护成本。故生态补偿责任的区域分担应先考虑受偿地区和补偿地区的分担比例和分担额。

对于受偿地区和补偿地区的补偿量分担比较客观的方法是采用单指标法中

的用水量分担法，但是引汉济渭调水工程刚开始供水，对于用水量情况还不明确，还无法准确估算用水量。根据该工程的分期配水的实施方案，计划 2020 年、2025 年调水量分别达到 5 亿立方米、10 亿立方米，2023 年 7 月 16 日引汉济渭正式通水 2023 年调水量达到 5 亿立方米，根据水源区黄金峡水利枢纽和三河口水利枢纽的库容总量 9.17 亿立方米。代入式（3-2）可得，水源区、受水区的分担系数分别为 0.35、0.65，所以受水区应承担 0.65 的生态补偿量。根据上文计算的引汉济渭调水工程的生态保护总成本（W）28863.77 万元，受水区 2021 年应向水源区支付补偿额为 18761.45 万元，水源区自身需承担生态保护成本为 10102.32 万元，具体如表 5-1 所示。

表 5-1　2021 年引汉济渭调水工程水源区生态补偿量受偿和补偿地区的分担数额

区域	类别	补偿量（万元）	分担系数	分担数额（万元）	
水源区	直接成本（W_b）	11000.18	0.35	3850.06	10102.32
	机会成本（W_g）	17863.59		6252.26	
受水区	直接成本（W_b）	11000.18	0.65	7150.12	18761.45
	机会成本（W_g）	17863.59		11611.33	

2. 区域分担系数

根据"受益者负担""共同但有区别责任""收益结构""能力结构"责任分担原则，拟采用第三章中描述的受益程度、支付意愿和支付能力综合法，计算引汉济渭调水工程水源区生态补偿区域中西安市、咸阳市、渭南市、杨陵区各自的分担系数。

（1）受益程度分担系数。因渭河流域各县市区的取水量受季节、年份和取水口变化影响较大，数据难以准确获取，受益程度主要以汉江流域各地区的流域面积来体现。根据式（3-5）和各地区流域面积，可以得到西安市、咸阳市、渭南市、杨陵区的收益程度分担系数（S_{S_m}）分别为 0.32、0.19、0.27、0.22，具体如表 5-2 所示。

表5-2 渭河流域生态补偿量区域收益程度分担系数

项目	西安市	咸阳市	渭南市	杨陵区	总计
流域面积（平方千米）	11392	6480	9739	7878	35489
受益程度分担系数（S_{s_m}）	0.32	0.19	0.27	0.22	1.00

（2）支付意愿分担系数。在对引汉济渭工程受水区的1256名公众支付意愿调查中，有345名受访者表示不愿意支付费用，占27.47%，有911名受访者表示愿意支付费用，占72.53%。在愿意支付的受访者中，受水区的西安市296人，咸阳市242人，渭南市215人，杨陵区158人，求得各县区的平均最大支付意愿，得到西安市、咸阳市、渭南市和杨陵区的区域支付意愿分担系数（S_{t_m}）分别为0.28、0.25、0.26、0.21，具体如表5-3所示。

表5-3 引汉济渭调水工程水源区生态补偿量区域支付意愿分担系数

项目	西安市	咸阳市	渭南市	杨陵区	合计
愿意支付人数（人）	296	242	215	158	911
平均最大支付意愿（元）	421.93	385.32	392.84	326.54	1526.63
支付意愿分担系数（S_{t_m}）	0.28	0.25	0.26	0.21	1.00

（3）支付能力分担系数。各县市区支付能力的差异可以通过人均GDP衡量各地经济发展水平的有效参数来体现。根据《陕西统计年鉴2022》各县市区2021年的人均GDP，代入式（3-3），可求得西安市、咸阳市、渭南市、杨陵区的有效支付能力分担系数（S_{g_m}）为0.33、0.24、0.18、0.25，具体如表5-4所示。

表5-4 引汉济渭调水工程水源区生态补偿量区域有效支付能力分担系数

项目	西安市	咸阳市	渭南市	杨陵区	总计
人均GDP（元）	83689	61002	44785	62575	252051

续表

项目	西安市	咸阳市	渭南市	杨陵区	总计
有效支付能力分担系数（S_{g_m}）	0.33	0.24	0.18	0.25	1.00

（4）综合分担系数。引汉济渭工程流域生态补偿机制以保护流域生态环境、促进流域内人与自然和谐相处、上下游协调发展为目的，是调节流域内上下游之间以及与其他生态保护利益相关者之间利益关系的公共制度。引汉济渭工程流域生态补偿量区域收益程度分担系数体现了受益者负担和收益结构原则，支付意愿分担系数和支付能力系数则体现了能力结构原则，三者综合起来就体现了共同但有区别责任原则。根据式（3-9）计算得到西安市、咸阳市、渭南市、杨陵区的综合分担系数（Z_m）分别为 0.31、0.22、0.24、0.23，具体如表 5-5 所示。

表 5-5 汉江流域生态补偿量区域综合分担系数

项目	西安市	咸阳市	渭南市	杨陵区	总计
受益程度分担系数（S_{S_m}）	0.32	0.19	0.27	0.22	1.00
支付意愿分担系数（S_{t_m}）	0.28	0.25	0.26	0.21	1.00
支付能力分担系数（S_{g_m}）	0.33	0.24	0.18	0.25	1.00
综合分担系数（Z_m）	0.31	0.22	0.24	0.23	1.00
综合分担修正系数（Z'_m）	0.30	0.21	0.35	0.14	1.00

根据西安市地方办公室发布的《渭河》，咸阳市人民政府发布的《渭河基本情况及管理目标》《渭河水系水质标准》《杨陵示范区委员会调查》等资料，渭河西安段长度为 141.7 千米，咸阳段长度为 101.5 千米，渭河渭南段长度为 208 千米，而渭河杨陵区段长度只有 11.8 千米，所以渭南市的综合分担系数应相应修改并进行提高，而西安市、咸阳市、杨陵区的综合分担系数也要进行相应修改以降低。

3. 区域责任分担量

由前文对引汉济渭调水工程水源区生态保护成本的计算，可知生态保护成本（W）约28863.77万元，受水区的分担系数为0.65，故应向水源区支付18761.45万元，2021年水源区自身需承担生态保护成本10102.32万元。根据上文各受水区（西安市、咸阳市、渭南市、杨陵区）综合分担修正系数（0.30、0.21、0.35、0.14），经计算可得西安市、咸阳市、渭南市、杨陵区的区域分担额分别为5628.44万元、3939.90万元、6566.51万元、2626.60万元，具体如表5-6所示。

表5-6　引汉济渭调水工程水源区生态补偿量补偿区域分担数额

区域	类别	补偿量（万元）	分担系数	分担额（万元）	
西安市	直接成本（W_b）	7150.12	0.3	2145.04	5628.44
	机会成本（W_g）	11611.33		3483.40	
咸阳市	直接成本（W_b）	7150.12	0.21	1501.53	3939.90
	机会成本（W_g）	11611.33		2438.38	
渭南市	直接成本（W_b）	7150.12	0.35	2502.54	6566.51
	机会成本（W_g）	11611.33		4063.97	
杨陵区	直接成本（W_b）	7150.12	0.14	1001.02	2626.60
	机会成本（W_g）	11611.33		1625.59	

（二）不同阶段的主体责任分担

区域分担额确定后，还需进一步细化各个行政区域内政府主体、市场主体和社会公众组织主题的分担比例和数额。

（1）不同阶段主体分担比例。根据第三章分析与同一行政区域内政府、市场主体、社会公众组织主体分担方式方法可计算得出，初级阶段是政府一元主体补偿阶段，由政府承担全部补偿量；中级阶段是由政府主体、市场主体形成的二元主体补偿阶段，水源区外溢的生态效益与社会效益部分由政府全部承担，占比为57%，市场主体主要分担外溢的经济效益部分，占比为43%；高级阶段是由政府主体、市场主体、社会公众组织主体形成三元主体补偿阶段，三者承担的补偿比例分别为52%、43%和5%，具体如表5-7所示。

表5-7　引汉济渭调水工程水源区生态补偿量主体分担比例　　单位：%

补偿阶段	政府主体	市场主体	社会公众组织主体	合计
初级阶段	100	—	—	100
中级阶段	57	43	—	100
高级阶段	52	43	5	100

（2）不同阶段主体分担额。根据以上各行政区域的分担量、分担比例，可进一步确定各区域各主体的分担额。引汉济渭调水工程水源区生态补偿的初级阶段，主要有政府主体补偿水源区生态保护成本的直接成本（W_b）；中级阶段主要由政府主体和市场主体根据比例补偿水源区生态保护成本的总成本（W）；高级阶段主要由政府主体、市场主体与社会公众组织主体补偿水源区生态保护成本的总成本（W）。综上所述，计算可得到西安市、咸阳市、渭南市、杨陵区区域内三元主体在三个阶段的具体分担数额，如表5-8所示。

表5-8　2021年引汉济渭调水工程水源区生态补偿量补偿主体数额分担

单位：万元

区域	补偿主体	初级阶段		中级阶段		高级阶段	
		补偿量	分担额	补偿量	分担额	补偿量	分担额
西安市	政府主体	2145.04	2145.04	5628.44	3208.21	5628.44	2926.79
	市场主体		—		2420.23		2420.23
	社会公众组织主体						281.42
咸阳市	政府主体	1501.53	1501.53	3939.90	2245.75	3939.90	2048.75
	市场主体		—		1694.16		1694.16
	社会公众组织主体						197.00

续表

区域	补偿主体	初级阶段		中级阶段		高级阶段	
		补偿量	分担额	补偿量	分担额	补偿量	分担额
渭南市	政府主体	2502.54	2502.54	6566.51	3742.91	6566.51	3414.58
	市场主体		—		2823.60		2823.60
	社会公众组织主体		—		—		328.33
杨陵区	政府主体	1001.02	1001.02	2626.60	1497.16	2626.60	1365.83
	市场主体		—		1129.44		1129.44
	社会公众组织主体		—		—		131.33

二、引汉济渭调水工程水源区生态补偿多元主体协同仿真模拟

（一）多元主体协同度测度模型构建

跨流域调水工程多元主体生态补偿的共同特点是"协同"，需要对系统内主体间的协同关系进行分析。主体系统应由无序向有序发展，序参量间的关系决定了系统协同作用规律与特征，而协同度又是衡量这个协同作用的重要指标。

1. 多元主体的协同矩阵

由于跨流域调水工程生态补偿多元主体之间存在协同的关系，可以使用矩阵的方式表示它们之间的关系。多元主体之间的协同系数用矩阵 Y 中的元素表示出来。选取 i 和 j，主体 i 对主体 j 的协同系数就表示为矩阵中的元素 a_{ij}，也就是主体 i 对主体 j 的协同程度。

$$Y=\begin{pmatrix}Y_1\\Y_2\\\vdots\\Y_m\end{pmatrix}=\begin{pmatrix}Y_{11}&Y_{12}&\vdots&Y_{1n}\\Y_{21}&Y_{22}&\vdots&Y_{2n}\\\vdots&\vdots&\vdots&\vdots\\Y_{m1}&Y_{m2}&\cdots&Y_{mn}\end{pmatrix}\begin{pmatrix}i=1,2,3,\cdots,m\\j=1,2,3,\cdots,n\end{pmatrix} \tag{5-1}$$

在式（5-1）中，Y 表示跨流域调水工程生态补偿多元主体之间的协同矩阵；Y_{ij} 表示主体 i 对主体 j 的协同系数，n 表示补偿主体的个数，m 表示与之协同的主体个数。由于主体 i 对主体 j 的协同程度和主体 j 对主体 i 的协同程度不同，协同矩阵 Y 不是一个对称矩阵。补偿主体自身的取值为1，所以协同矩阵 Y 对角线上的元素全是1。

协同系数可以由专家打分法来确定。本章把协同程度分成极低度协同、低度协同、一般协同、比较协同、高度协同五个等级，并且打分取值范围在1~5。在进行打分时，围绕序参量进行影响因素赋分：利益切合度（q_f）、权责明晰度（q_c）、先定约束力（q_b），具体如表5-9所示。

表5-9　多元主体协同程度评价标准

分数	评价标准
1	利益切合度（q_f）极低，权责明晰度（q_c）极低，先定约束力（q_b）极低
2	利益切合度（q_f）低，权责明晰度（q_c）低，先定约束力（q_b）低
3	利益切合度（q_f）一般，权责明晰度（q_c）一般，先定约束力（q_b）一般
4	利益切合度（q_f）较高，权责明晰度（q_c）较高，先定约束力（q_b）较强
5	利益切合度（q_f）高，权责明晰度（q_c）高，先定约束力（q_b）强

2. 多元主体协同熵

信息熵是热力学熵在信息论中的应用，事件不确定可用式（5-2）来表示：

$$I_i = -k\sum_{j=1}^{n}Q_{ij}\ln Q_{ij} \tag{5-2}$$

在式（5-2）中，I_i 表示第 i 项指标的信息熵，k 表示玻尔兹曼常数，Q_{ij}

表示每一种状态出现的概率。当 $Q_{ij}=0$ 时，则 $Q_{ij}\ln Q_{ij}=0$，信息熵 $I_i=0$。

跨流域调水工程生态补偿多元主体之间的协同性受主体不确定关系影响，则可以利用信息熵对多元主体的协同性进行研究分析，得到公式：

$$S_i = -k\sum_{j=1}^{n} Q_{ij}\ln Q_{ij} \tag{5-3}$$

在式（5-3）中，S_i 表示第 i 个补偿主体的协同熵，n 表示补偿主体的个数，$k=\dfrac{1}{\ln n}$。

3. 多元主体协同度

（1）模型构建。通过上文的分析，建立跨流域调水工程生态补偿多元主体协同度模型：

$$D_i = G_i W_i \tag{5-4}$$

在式（5-4）中，D_i 表示第 i 个补偿主体的协同度；G_i 表示第 i 个补偿主体的得分，是协同矩阵补偿主体 i 的评分总和；W_i 表示第 i 个补偿主体的权重。

（2）多元主体权重确定。补偿主体的权重在信息熵中被称为熵权。在 (m, n) 的评价问题中，E_i 表示第 i 个指标的熵权：

$$E_i = \frac{1 - I_i}{m - \sum_{i=1}^{m} I_i} \tag{5-5}$$

由此，得出协同熵的熵权 W_i 为：

$$W_i = \frac{1 - S_i}{n - \sum_{i=1}^{n} S_i} \tag{5-6}$$

在式（5-6）中，S_i 表示第 i 个补偿主体协同熵。假设有 n 个协同补偿主体，协同矩阵为 $Y=(y_{ij})\ n\times n$，则补偿主体 j 对主场主体 i 在协同补偿过程中协同程度的影响概率表示为：

$$P_{ij} = \frac{x_{ij}}{\sum_{j=1}^{n} x_{ij}}(i = 1, 2, \cdots, n, j = 1, 2, \cdots, n) \tag{5-7}$$

由上述内容可知协同熵的熵权 W_i，满足 $0 \leqslant W_i \leqslant 1$ 并且 $\sum_{i=1}^{n} W_i = 1$，具体表达式为：

$$W_i = \frac{1 - S_i}{n - \sum_{i=1}^{n} S_i} = \frac{1 + \frac{1}{\ln n} \sum_{j=1}^{n} Q_{ij} \lg Q_{ij}}{n - \sum_{i=1}^{n} S_i} \tag{5-8}$$

（3）多元主体协同度计算。如果随机选取两个不同的补偿主体，它们的协同程度不同，则它们之间的协同度数值也不相等。此时就需要对协同矩阵进行行列转换，协同熵、评分以及权重做如下处理：

$$\overline{S_i} = \frac{S_i + S_j}{2} (i = j) \tag{5-9}$$

在式（5-9）中，S_i 和 S_j 分别表示协同矩阵行与列的熵值，$\overline{S_i}$ 表示协同主体的平均熵值。

$$G_i = \frac{g_i + g_j}{2} (i = j) \tag{5-10}$$

在式（5-10）中，g_i 表示协同矩阵中主体 i 的评分总和，g_j 表示协同矩阵中主体 j 的评分总和。

$$W_i = \frac{w_i + w_j}{2} (i = j) \tag{5-11}$$

在式（5-11）中，w_i 表示协同矩阵中主体 i 的权重，w_j 表示协同矩阵中主体 j 的权重。最终将得到的 G_i 和 W_i 代入式（5-3），可得到主体之间的协同度。

（二）多元主体协同仿真模型构建

跨流域调水工程水源区生态补偿多元主体具有主动性和自治性，将使用 ABM 方法构建多元主体协同仿真模型。具体流程如下：

1. 模型假设以及分析

由于跨流域调水工程生态补偿主体系统复杂，在进行多元主体协同补偿建模时需要高度抽象，故对模型做如下假设：

假设1：跨流域调水工程生态补偿的高级补偿阶段，需要实现环境治理体系和治理能力现代化，并体现环境公平理念，同时需要确保补偿主体的参与意愿和畅通的参与渠道。

假设2：跨流域调水工程生态补偿可以分解成多个项目，各项目的投资可以预算，生态效益、经济效益和社会效益能够进行评估，各区域和主体的补偿分担量也可以确定。

假设3：跨流域调水工程生态补偿的各项信息需要及时、通畅的进行传递，同时各补偿主体之间应共享补偿信息。

假设4：补偿绩效需要通过补偿协议签订数量等指标来体现多元主体协同绩效，以确保协同合作的效果和效益得到准确评估。

2. 主体属性介绍

根据前文跨流域调水工程生态补偿主体之间的相互作用，设置了政府、市场、社会公众组织三类主体以及补偿协议的属性，具体如表5-10所示。

表5-10　多元主体协同仿真主体分类及属性

主体	属性
政府	引导力度（Z_g）、监督力度（Z_o）、补偿能力（Z_c）、收入水平（Z_i）、支出水平（Z_l）、支出结构（Z_e）、协同度（Z_s）
市场	补偿能力（S_c）、盈利水平（S_i）、支出水平（S_l）、支出结构（S_e）、协同度（S_s）、社会责任感（S_r）
社会公众组织	补偿能力（M_c）、资金筹集能力（M_i）、支出结构（M_e）、协同度（M_s）、签订状态（A）

（1）政府主体属性描述。政府作为跨流域调水工程生态补偿的实施者与监督者其属性主要包括引导力度、监督力度、补偿能力、协同度。

政府的引导力度用 Z_g 表示，$Z_g \in [0, 1]$。Z_g 越接近于1，表示政府的引导力度越强。

政府的监督力度用 Z_o 表示，$Z_o \in [0, 1]$。Z_o 越接近于1，表示政府的监督力度越强。

政府的补偿能力用 Z_c 表示，$Z_c \in [0, 1]$。Z_c 越接近于 1，表示政府的补偿能力越强。根据第二章分析，政府的补偿能力受到收入水平（Z_i）、支出水平（Z_l）、支出结构（Z_e）影响，函数表达式为：

$$Z_c = f(Z_i, Z_l, Z_e) = a_1 Z_i + a_2 Z_l + a_3 Z_e \tag{5-12}$$

在式（5-12）中，a_1、a_2、a_3 取值范围可以根据实际情况进行调整，并且 $a_1 + a_2 + a_3 = 1$。

政府的协同度用 Z_s 表示，$Z_s \in [0, 1]$。Z_s 越接近于 0，表示政府与其他主体的协同程度越低；反之，则越高。

（2）市场主体属性描述。市场是跨流域调水工程生态补偿的主要参与者，其属性包括补偿能力、社会责任感和协同程度。

市场的补偿能力用 S_c 表示，$S_c \in [0, 1]$。S_c 越接近于 1，表示市场的补偿能力越大。市场主体的补偿能力与盈利水平（S_i）、支出水平（S_l）、支出结构（S_e）有关，函数表达式为：

$$S_c = f(S_i, S_l, S_e) = b_1 S_i + b_2 S_l + b_3 S_e \tag{5-13}$$

在式（5-13）中，b_1、b_2、b_3 取值范围可以根据实际情况进行调整，并且 $b_1 + b_2 + b_3 = 1$。

市场的协同度用 S_s 表示，$S_s \in [0, 1]$。S_s 越接近于 0，表示政府与其他主体的协同程度越低；反之，则越高。

市场的社会责任感用 S_r 表示，$S_r \in [0, 1]$。S_r 越接近于 1，表示市场的社会责任感越强。

（3）社会公众组织主体属性描述。社会公众组织是跨流域调水工程生态补偿的参与者，其属性包括补偿能力、协同度。

社会公众组织的补偿能力用 M_c 表示，$M_c \in [0, 1]$。M_c 越接近于 1，表示社会公众组织的补偿能力越大。社会公众组织的补偿能力受到资金筹集能力（M_i）、支出结构（M_e）影响，函数表达式为：

$$M_c = f(M_i, M_e) = k_1 M_i + k_2 M_e \tag{5-14}$$

在式（5-14）中，k_1、k_2取值范围可以根据实际情况进行调整，并且$k_1 + k_2 = 1$。

市场的协同度用S_s表示，$S_s \in [0, 1]$。S_s越接近于0，表示政府与其他主体的协同程度越低；反之，则越高。

（4）补偿协议属性描述。政府作为实施者，与市场主体和社会公众组织主体达成生态补偿的先定约束就是补偿协议。在进行多元主体的协商过程中，补偿协议通过主体之间不断地反馈信息进行改善，不断进行优化，在进行主体间的协同过程中补偿协议处于动态变化中。补偿协议用A来表示。在进行仿真时有三种状态：$A_i(t) = -1$表示补偿协议t时刻处于未签订状态；$A_i(t) = 0$；表示补偿协议t时刻处于待议状态；$A_i(t) = 1$表示补偿协议t时刻处于签订状态。

3. 主体之间的交互规则

在跨流域调水工程多元主体横向协同过程中，补偿协议根据主体的补偿能力和协同度的影响而发生变化，其交互规则如下：

（1）政府与市场主体的交互规则。在政府与市场主体的协同中，政府担负着政策和规则的制定者。政府除了要为市场主体创造法治的、公平的市场环境和交易平台，还需要构建明晰的权责体系作为市场主体协同度的内生变量。此外，政府还应加强对市场主体遵守环境保护和生态补偿的法律法规的监督力度，从而对市场主体协同度产生正向影响作用，成为外生变量的一部分。交互影响的表达式如下：

$$S_{M_1} = (1 + u_1 Z_{O_1}) \times S_{M_0} \tag{5-15}$$

在式（5-15）中，S_{M_0}表示市场主体的协同度；Z_{O_1}表示政府的监督力度；S_{M_1}表示政府监督下的市场主体协同度；u_1表示可以根据实际情况调整的常数。

（2）政府与社会公众组织的交互规则。在政府与社会公众组织的协同中，政府需要赋予社会公众组织参与、监督、评价与反馈的权利。同时，政府还需要构建明晰的权责体系作为社会公众组织主体协同度的内生变量。此外，政府的引导力度也是对社会公众组织具有正向影响的外生变量。在协同中，政府需要着重引导和激励社会公众组织参与生态补偿，并合理调节各组织之间的协同关系和协同模式，以实现协同效果最大化，保障生态环境和可持续发展。交互影响的表达式如下：

$$M_{S_1} = (1 + u_2 Z_{Z_1}) \times M_{S_0} \tag{5-16}$$

在式（5-16）中，M_{S_0} 表示社会公众组织主体的协同度；Z_{Z_1} 表示政府的引导力度；M_{S_1} 表示在政府引导下公众媒体组织主体的协同度；u_2 表示可以根据实际情况调整的常数。

（3）市场与社会公众组织的交互规则。在跨流域调水工程中，市场与社会公众组织之间的交互规则是至关重要的，涵盖了信息传递、社会参与和公共意识塑造等方面。这种互动关系需要在市场经济原则和公共利益的基础上建立，并通过有效的沟通机制保障项目的成功实施。在市场主体与社会公众组织的协同中，市场主体的社会责任感越强，就越会注重维护企业的形象，积极参与流域生态保护和生态补偿工作，通过捐款或依托公众媒体组织等方式。因此，市场主体的社会责任感会对社会公众组织的协同度产生外在的正向影响。在制定交互规则时，要考虑市场与社会公众组织之间的平衡，确保市场机制的灵活性和社会公众组织的独立性。这有助于确保工程在市场竞争中取得最佳效果的同时，社会公众组织能够客观、公正地报道并监督工程的各个环节，维护公共利益。此外，市场主体和社会公众组织之间可以就多种形式的协同进行协商和协调，以实现协同效果最大化。交互影响的表达式如下：

$$M_{S_1} = (1 + u_3 S_{r_1}) \times M_{S_0} \tag{5-17}$$

在式（5-17）中，M_{S_0} 表示在政府引导下社会公众组织主体的协同度；S_{r_1} 表示市场主体的社会责任感；M_{S_1} 表示在市场主体的社会责任感影响下的社会公众组织主体的协同度，u_3 表示可以根据实际情况调整的常数。

（4）三元补偿主体与补偿协议的交互规则。①随机选取补偿协议 i 个，其

默认状态为 $A_i(t)=-1$。②在一定的条件下，三元主体的补偿能力和协同度为 (Z_c, Z_s)、(S_c, S_s)、(M_c, M_s)，用 (c_i, s_i) 表示。随机选取一个补偿主体，得到其补偿能力与协同度。③ $c_i<\alpha$，则补偿协议 i 的状态不变，否则进行下一步。④如果 $c_i>\alpha$ 且 $s_i<\beta$，则 $A_i(t)=0$，否则进入下一步。⑤如果 $c_i>\alpha$ 且 $s_i>\beta$，则 $A_i(t)=1$。具体流程如图 5-1 所示。

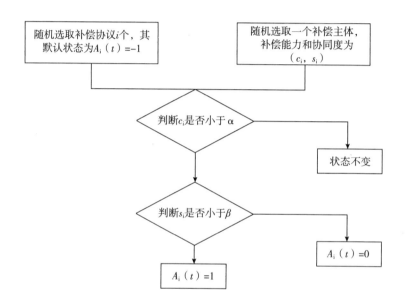

图 5-1　多元协同主体与补偿协议间的交互规则

4. 模型的运行机制

跨流域调水工程生态补偿多元主体协同模型运行机制如下：

（1）在跨流域调水工程多元化生态补偿中，补偿主体间通过相互之间的关系与协同性交互，进行跨流域调水工程生态补偿。每个补偿主体都拥有补偿能力与协同度。

（2）补偿协议与多元主体间通过主体们的补偿能力与协同度进行交互。

（3）交互后，补偿协议改变自身状态，通过某一时刻补偿协议"签订"

状态占全部补偿协议的比例来反映多元补偿主体的协同绩效。

（三）多元主体协同仿真分析

首先，仿真分析能够模拟不同生态补偿方案对生态系统的影响，包括水域生物多样性、土壤质量、气候等方面。通过模拟可以量化不同补偿措施对生态系统的影响程度，为决策提供科学依据。其次，仿真分析可以为不同主体提供客观的数据支持，降低信息不对称，促进各方更好地理解生态系统的复杂性和互动关系。这有助于形成共识，推动各方协同努力，实现生态补偿的最佳效果。

在仿真分析中，应考虑水资源管理、生态修复、农业发展等方面。通过模拟不同场景下的效果，可以找到最优的生态补偿策略，最大化各方利益。

本章使用 NetLogo 仿真软件对跨流域调水工程生态多元主体协同补偿演化情况进行演化仿真实验。仿真界面如图 5-2 所示。

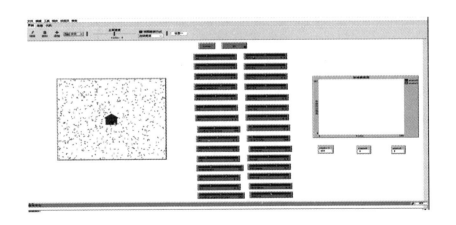

图 5-2　水源区生态补偿主体协同仿真界面

1. 仿真数据确定

（1）仿真主体数量。在本章中，政府主体设置为 1 个，对西安市、咸阳市、渭南市、杨陵区这四个补偿地区进行仿真模拟。

各地的市场主体可以根据 2022 年的《西安统计年鉴》《咸阳统计年鉴》《渭南统计年鉴》《杨陵年鉴》中 2021 年的私营企业数量进行相应的缩小，根据专家给出的补偿意愿系数，与四个地区的私营企业相乘，确定西安市、咸阳市、渭南市、杨陵区四个补偿地区市场主体个数分别为 1262 个、706 个、362 个、292 个，具体如表 5-11 所示。

表 5-11　市场主体数量确定

项目	西安市	咸阳市	渭南市	杨陵区
2021 年的私营企业数量（家）	28687	13323	5661	4360
补偿意愿系数	0.44	0.53	0.64	0.67
市场主体仿真数量（个）	1262	706	362	292

各地的社会公众组织主体可以根据 2022 年的《西安统计年鉴》《咸阳统计年鉴》《渭南统计年鉴》《杨陵年鉴》中 2021 年的常住人口数进行相应的缩小，根据专家给出的补偿意愿系数，与四个地区的常住人口数相乘，确定西安市、咸阳市、渭南市、杨陵区这四个补偿地区市场主体个数分别是 566 个、231 个、296 个、170 个，具体如表 5-12 所示。

表 5-12　社会公众组织数量

项目	西安市	咸阳市	渭南市	杨陵区
2021 年的常住人口数（万人）	1287.3	436.61	463.10	254.5
补偿意愿系数	0.44	0.53	0.64	0.67
社会公众组织仿真数量（个）	566	231	296	170

补偿协议的数量将市场和社会公众组织主体之和进行设定，西安市、咸阳市、渭南市、杨陵区的补偿协议分别为 1828 个、938 个、658 个、462 个。

（2）多元补偿主体协同度的确定。多元补偿主体协同度根据第三章构建的协同度测度方法进行计算，以问卷调查的形式，获得流域生态补偿多元主体协同程度评分表。通过数位跨流域调水工程生态补偿领域专家的调查问卷进行数理统计，得到跨流域调水工程生态补偿多元主体协同矩阵，如表5-13所示。

表5-13　多元主体协同矩阵

补偿主体	政府	市场	社会公众组织
政府	1.00	2.13	2.36
市场	2.34	1	1.77
社会公众组织	2.71	1.38	1.00

根据前文公式可计算出协同熵值、补偿主体权重、补偿主体得分、补偿主体协同度等，具体如表5-14所示。

表5-14　多元主体协同度

补偿主体	政府	市场	社会公众组织
协同熵值	0.9361	0.9428	0.9149
补偿主体权重	0.2967	0.3841	0.3193
补偿主体得分	5.4900	5.1100	5.0900
补偿主体协同度	1.7130	1.6059	1.5522
仿真补偿主体协同度	0.4282	0.4014	0.3881

将各协同补偿主体的协同度转化为（0，1）内的值，将补偿主体协同度除以仿真城市个数，得出仿真模型中政府、市场主体和社会公众组织的协同度分别为0.4282、0.4014、0.3881。

（3）补偿能力参数的确定。根据跨流域调水工程生态补偿多元主体协同仿真模型中对补偿主体属性的描述，根据专家打分得到西安市、咸阳市、渭南市、杨陵区的补偿能力参数为0.12、0.19、0.31、0.38。

2. 多元主体协同仿真模拟结果分析

根据引汉济渭调水工程水源区收集到的实际数据，调整部分参数取值，对西安市、咸阳市、渭南市、杨陵区这四个补偿地区的多元主体协同补偿绩效进行模拟仿真分析。

将西安市、咸阳市、渭南市、杨陵区的仿真主体数量、协同度以及补偿能力参数调整到以上数值得到的西安市、咸阳市、渭南市、杨陵区的仿真绩效，如图5-3所示。实线表示签订协议的数量、虚线表示待签协议的数量。

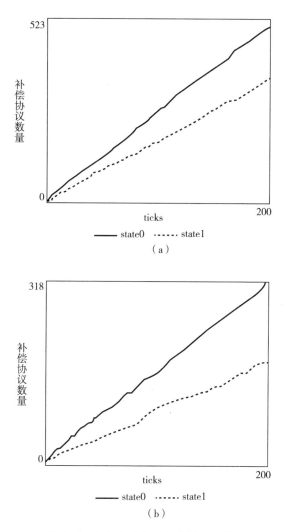

图5-3　多元主体协同仿真协同绩效

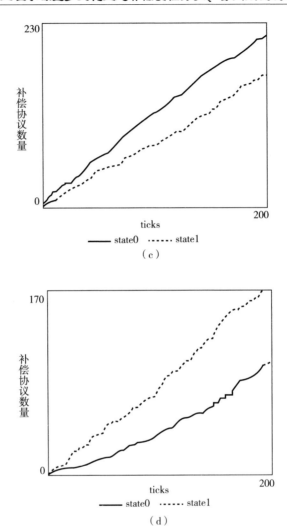

图 5-3　多元主体协同仿真协同绩效（续）

引汉济渭调水工程水源区生态补偿多元主体协同仿真不同状态补偿协议数量如表 5-15 所示。西安市签订协议的数量是 521 个，占 28.5%；咸阳市签订协议数量是 336 个，占 35.8%；渭南市签订协议数量是 226 个，占 34.34%；杨陵区签订协议数量是 166 个，占 35.93%。

表5-15　多元主体协同仿真不同状态补偿协议数量　　　　　单位：个

签订状态	西安市	咸阳市	渭南市	杨陵区
签订协议	521	336	226	166
代签协议	372	188	173	188
未签协议	935	414	259	108

从仿真结果来看，四个市区的协同绩效除了西安市，咸阳市、渭南市、杨陵区三个市区的协同绩效差不多，在35%附近且补偿意愿都大于0.5。西安市的协同绩效最低，与其补偿意愿系数较低有关。

目前，引汉济渭调水工程的生态补偿计划也正在经历从政府主导的水源区和受水区协议阶段向更加市场化和多元化阶段过渡。本章探讨了引汉济渭调水工程水源区生态补偿的多元主体协同，并通过微调可用数据的一些参数来模拟未来可能的多元主体协同补偿方案。随着跨流域调水工程多元化生态补偿机制的不断发展，有望从实际实施中获得更多科学的评估指标和数据，这将有助于提高仿真模型的准确性。这些改进将更好地引导引汉济渭调水工程水源区多元生态补偿实践，确保生态保护的有效性。

第六章　居民视角下水源区
生态补偿效果分析

本章主要运用计划行为理论与技术接受模型相结合，构建实证分析框架，并在此基础上采用结构方程模型对引汉济渭工程水源区当地居民的生态保护意愿及行为进行分析。首先，对计划行为理论和技术接受模型进行分析，构建居民视角下生态补偿效果分析框架；其次，对调研设计及样本特征进行描述，并对数据的信度和效度进行检验；再次，构建生态补偿政策对居民生态保护意愿和行为影响的结构方程，对命题进行验证；最后，得出部分的主要结论并从居民视角提出促进生态保护行为的激励机制政策建议。

一、研 究 设 计

（一）研究框架设计

1. 计划行为理论

计划行为理论（Theory of Planned Behavior，TPB）是在理性行为理论

（Theory of Reasoned Action，TRA）的基础上演化和形成的。Ajzen 和 Fishbein（1977）提出了最初的理性行为理论，用来解释和研究行为主体的行为意愿问题，理性行为理论认为除了行为主体的行为态度影响行为意愿，行为主体的主观规范也会对行为意愿产生影响，而受行为态度和主观规范影响的行为意愿是决定行为主体实际行为的最直接因素。具体来说，行为态度是行为主体在进行某项行为（如保护生态环境）时，自身产生的主观性感受，该感受可能是积极的（如能够通过生态保护获得更好的空气和水源）也可能是消极的（如生态保护占用了生产资料和劳动力），行为态度是主体对该项行为产生结果的一种自我评价。主观范式是行为主体在进行某项行为（如保护生态环境）时，受到的对自己产生重要影响的人物（如家人、亲戚、邻居等）或者政府组织等行为主体行为选择的影响。理性行为理论模型如图 6-1 所示。

图 6-1　理性行为理论模型

　　理性行为理论不仅能够分析行为主体行为选择的过程，而且可以发现该行为选择的影响因素，因此该理论在分析实际问题时具有较高的理论价值，从而受到广大学者特别是社会心理学学者的青睐。但是，理性行为理论也存在固有的缺陷，其中最大的缺陷是行为主体的意愿能够完全控制行为选择的前提假设，这一假设条件并非总是成立的，现实中的行为选择在多数情况下不仅受到行为意愿的影响，而且受到其他主客观因素的影响，违背现实的假设使该理论的实际应用存在某些限制，因此，社会心理学家对理性行为理论进行发展和完善，逐渐形成了新的理论——计划行为理论，扩大了该理论的有效性和适用性。

20世纪80年代，美国社会心理学学者阿耶兹以理性行为理论为基础，初步提出了计划行为理论，其相对于理性行为理论最大的改进是创造性地增加了感知行为控制因素。感知行为控制主要是行为主体基于自身掌握的机会和能力等因素而自我感觉的该项行为选择的难易程度，是对该项行为选择的主观认知。计划行为理论模型如图6-2所示。

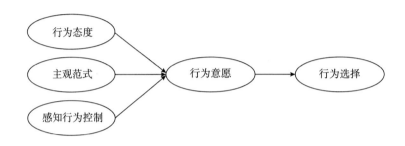

图6-2　计划行为理论模型

随着计划行为理论的发展和日趋完善，该理论在解释行为主体的意愿和行为选择方面取得了更为理想的效果，并得到了社会心理学、经济学以及生态环境学等诸多领域专家学者的接受和肯定。当然，计划行为理论和其他理论一样，也存在不足的地方，Ajzen（1991）认为计划行为理论模型并不完美，在研究一些具体状况下的主体行为选择时，要根据研究的实际问题对计划行为理论进行修正和扩展，以适应特定的研究对象。国内外学者对该理论的应用也是在特定情境下加入特定变量。

2. 技术接受模型

为了研究信息技术系统的接受和使用行为，1986年，Davis以理性行为理论和计划行为理论为基础，从行为科学的角度出发，结合自我效能理论和期望理论提出了技术接受模型（Technology Acceptance Model，TAM）。当时，此模型成功应用于计算机信息系统领域的研究中，用来预测用户的接受行为（Davis, 1989)。该模型指出，当用户接触新事物时，行为态度、感知的有用性、感知的易用性以及意愿与实际行为之间存在较强的内在关系，个体的行为意愿以及行为态度对用户接受新技术行为起着决定性作用，此外，接受新技术的行为也取决于感知有用性和感知易用性两个关键因素。而感知有用性一方面受感知易用性的影响，另一方面又受外部变量的影响（张培，2017）。

技术接受模型提出了两个主要的决定因素：感知有用性和感知易用性，成为构成信息技术接受行为的主要指标。感知有用性指个体认为使用某一信息技术对工作业绩的提高程度；感知易用性指个体认为为了使用某一信息系统的难易程度。根据 TAM 理论，感知易用性由外部变量决定，外部变量和感知易用性共同决定感知有用性，同时感知有用性和感知易用性共同影响使用态度。行为意向由感知有用性和使用态度共同决定。与理性行为理论和计划行为理论相同，技术接受模型认为"使用"这一行为是由使用意向决定的。其中外部变量包括系统设计特征、用户特征（包括感官形式和其他个性特征）、任务特征、开发或执行过程的本质、政策影响、组织结构特征等，具体框架如图6-3所示。

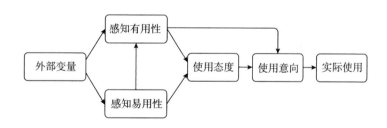

图6-3 技术接受模型

Davis 和 Venkatesh（1996）实证研究发现，使用态度只能部分解释感知有用性对使用意向的影响，所以舍弃了原始模型中的"使用态度"，构成了修正的技术接受模型，如图6-4所示，这个模型也是运用范围最广泛的技术接受模型。自提出之日起，技术接受模型因其清晰简洁的理论，严谨的结构，高度的有效性和可靠性等特点得到了广泛的应用。国内外学者通过在不同领域的大量实证研究，对这一模型进行了验证，使该模型得到了不断的丰富和延伸。

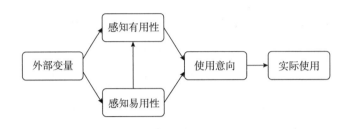

图 6-4　修正的技术接受模型

3. 理论整合和模型构建

计划行为理论（TPB）和技术接受模型（TAM）在许多用户接受度的研究中被当作理论模型，以了解影响行为意向的不同因素。其中计划行为理论主要研究主观规范、行为态度、知觉行为控制三个变量对个体行为意向的影响。技术接受模型与计划行为理论相似，都是通过探究变量对行为意向的影响，进而分析影响用户行为的主要因素。但是，技术接受模型只用感知易用性和感知有用性两个变量来作为影响个体行为意向的因素，排除了主观规范等因素对个体行为的影响。Todd（1995）认为，虽然技术接受模型和计划行为理论都是由理性行为理论（TRA）延伸而来的，但是这两种模型从不同的理论角度进行分析，使两种模型的融合具有理论上的兼容性和潜在的互补性，可以更详细地解释影响个体行为意向的因素，通过对技术接受模型、计划行为理论的综合分析，提出了 C-TAM-TPB 模型（Combined TAM and TPB），即 TAM/TPB 整合模型。同时，Wu 和 Chen（2005）认为，计划行为理论中的行为态度因素可以直接与技术接受模型的变量因素联系在一起；孙建军等（2007）在对国外关于理性行为理论、计划行为理论、技术接受模型的实证研究文献的梳理中发现，计划行为理论与 TAM 模型整合的解释能力最少的研究也在 43%，其他的则在70%以上，王昶等（2017）认为，TAM/TPB整合模型比单独使用计划行为理论或技术接受模型的解释能力更强。杨矗等（2016）、Lee（2009）等均运用整合后的框架进行了相关研究，同样取得了良好的效果。此外，根据心理学领域的研究，某一行为所蕴含的潜在价值与其带来的潜在风险之间存在逻辑关系。当个体对该行为的感知有用性较高时，其克服困难与承担潜在风险的信心与动力便会增加（聂勇浩和罗景月，2013），而当个体认为该行为易于执行时，也会认为行为后果将更加趋近于自身期望（刘勋勋等，2012）。

因此，本章拟将技术接受模型和计划行为理论结合起来，使用计划行为理论的结构，即三个变量——行为态度、主观规范和知觉行为控制来解释行为意向。同时，为了实现技术接受模型与计划行为理论进一步融合，用技术接受模型中的感知有用性和感知易用性来解释行为态度。同时，进一步将外部因素简化为单一的中央政府生态补偿激励。因此，分析生态补偿激励对基于TAM/TPB整合模型对居民生态保护意义和行为的影响。最终的整合模型如图6-5所示。

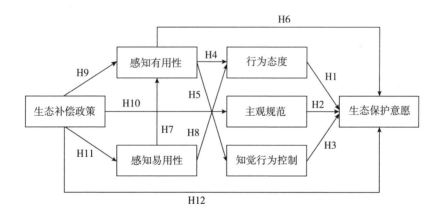

图6-5 基于TAM/TPB整合模型的水源区居民生态保护意愿影响因素模型

（二）命题提出

行为态度指个人实行某特定行为的正向或负向的评价，也就是居民对保护行为持肯定或否定的态度。居民对保护行为的态度评价分为内部评价和外部评价，对于内部评价而言，若居民愈支持生态保护，认为生态保护可以带来绿水青山，则其保护意愿愈积极；外部性评价主要体现在对当前生态保护政策的响应程度，若对当前的保护政策愈满意，响应愈积极，则保护意愿愈强。基于以上分析，关于行为态度的命题为：

H_1：行为态度对居民生态保护意愿具有显著的正向影响，行为态度愈积极，则居民的保护意愿愈强。

主观规范指个人在采取某一特定行为时所感受到的社会压力的认知，反映出他人或团体对个体行为决策的影响。对于居民保护生态环境而言，其受到的主观规范主要来自亲人、朋友、邻居的示范性规范与来自村委会和上级政府的指令性规范，由家人、朋友和政府等组成的社会环境，输出的社会价值观和道德观对居民的决策行为具有重要的示范作用。当家人和朋友认为保护环境是一种美德，他们支持保护环境且自己做出了积极的行动时，个人的保护决策会受到正面的影响；当村委会和上级政府发出了指令性的保护要求时，个人也会按照上级要求，积极执行相关保护政策。基于以上分析，关于主观规范的命题为：

H_2：主观规范对居民生态保护意愿具有显著的正向影响，主观规范愈正面，则居民的保护意愿愈强。

知觉行为控制指个人对于执行某项行为的信心程度，以及执行该行为所需要的资源和能力，即居民预期在进行环境保护时自己所感受到可以控制的程度。居民的知觉行为控制主要受能力感知和风险偏好两个方面的影响，能力感知反映为居民对自己是否有能力完成生态环境保护任务的判断，表现为自身具备的环境保护专业知识、是否有时间保护等因素；风险偏好是居民对待环保过程中产生的风险的一种态度。若居民认为自己有足够的能力、资源和时间去保护生态环境，并且可以承担生态保护带来的风险，那居民的保护行为愈积极。基于以上分析，关于知觉行为控制的命题为：

H_3：知觉行为控制对居民生态保护意愿具有显著的正向影响，知觉行为控制愈强，则居民的保护意愿愈强。

感知有用性指人们考虑使用新技术能够带来多大的实际效益，对于居民而言，他们在进行生态保护决策时会预先判断保护后的影响。从家庭条件来看，生态保护是否能够提高自身收入、改善其居住环境等是居民判断该保护行为是否有用而重点思考的问题；从社会条件来看，生态保护是否可以带来绿水青山、带动发展当地经济水平等，也是其重点考察的因素。当居民认为生态保护有利于这些因素时，他们自身对生态保护行为持肯定态度，且认为自己有能力保护环境，同时其保护意愿也会愈加积极。基于以上分析，关于感知有用性的命题为：

H_4：感知有用性对居民的行为态度具有显著的正向影响，感知有用性愈强，则居民的行为态度愈积极。

H_5：感知有用性对居民的知觉行为控制具有显著的正向影响，感知有用性愈强，则居民的知觉行为控制愈强。

H_6：感知有用性对居民的生态保护意愿具有显著的正向影响，感知有用性愈强，则居民的保护意愿愈强。

感知易用性指人们认为使用新技术的难易程度，当个体认为自身愈容易掌握该技术，则其对该技术的态度愈积极，同时也对该技术的有用性感知度愈高。农户是理性人，在面对生态保护时，他们为了避免自身利益受损，会选择自身较为了解的处置方式来避免活动中的不确定性。因此，农户会考虑自己对生态保护和生态补偿相关政策的了解程度、自身掌握的生态保护知识和技能、以及自身的精力等因素，当这些因素都较有利时，农户对保护态度愈积极，且对生态保护有用性的感知度愈高。基于以上分析，关于感知易用性的命题为：

H_7：感知易用性对居民的感知有用性具有显著的正向影响，感知易用性愈强，则居民的感知有用性愈强。

H_8：感知易用性对居民的行为态度具有显著的正向影响，感知易用性愈强，则居民的行为态度愈积极。

生态补偿政策相关信息是否透明、补偿是否能够弥补居民的机会成本、补偿方式居民是否认同以及政府是否将补偿政策付诸实施等，是影响生态补偿政策有效性的关键。若补偿政策愈透明、补偿可以弥补居民的机会成本并且政府给予居民生态保护指导等，则能更好地发挥补偿政策效力，居民对生态保护的有用性和易用性感知愈强，保护意愿愈积极。同时，补偿政策的深入推进，会促进社会中愈来愈多的人保护环境，从而个体受到周围人的影响也愈大。基于以上分析，关于生态补偿政策的命题为：

H_9：生态补偿政策对居民的感知有用性具有显著的正向影响，生态补偿政策愈积极，则居民的感知有用性愈强。

H_{10}：生态补偿政策对居民的主观规范具有显著的正向影响，生态补偿政策愈积极，则居民的主观规范愈强。

H_{11}：生态补偿政策对居民的感知易用性具有显著的正向影响，生态补偿政策愈积极，则居民的感知易用性愈强。

H_{12}：生态补偿政策对居民的生态保护意愿具有显著的正向影响，生态补偿政策愈积极，则居民的保护意愿愈强。

二、变量选取与模型构建

本章采用的数据同样来源于引汉济渭调水工程的水源区所经过的乡镇、市县开展实地考察与问卷调研，与第四章问卷调研相同，这里不再赘述。

（一）变量设定与描述

本章构建了包含生态补偿政策、感知有用性、感知易用性、行为态度、主观规范、知觉行为控制和生态保护意愿七个潜在变量相对应的21个观测变量的量表，采用Likert5点量表形式，以1、2、3、4、5分别代表"完全不同意""不同意""无所谓""同意""完全同意"，被调研者根据选项具体描述选择对应数值。对21个观测变量进行统计性描述，可以看出各个观测变量的均值均在3以上，均值最高的观测变量为"生态保护能实现青山绿水，带来愉快心情"，数值为4.36，表明大部分认为保护环境可以让人身心愉悦；均值最小的选项为"家人支持保护生态环境"，数值为3.54，表明个人的保护行为很少受到家人的影响。具体变量定义及统计学描述如表6-1所示。

表6-1　变量定义及统计学描述

潜在变量	观测变量	代码	最小值	最大值	平均值	标准差
生态补偿政策 (x_1)	生态保护补偿政策信息透明	x_{11}	1	5	4.29	0.684
	赞同政府采用生产成本方法来发放补助	x_{12}	1	5	4.28	0.64
	政府给予生态保护（如植树）技术指导	x_{13}	1	5	4.3	0.643
感知有用性 (x_2)	生态保护能实现青山绿水，带来愉快心情	x_{21}	1	5	4.36	0.659
	生态保护能改善居住环境	x_{22}	1	5	4.33	0.655
	生态保护可以带来一定的收入	x_{23}	1	5	4.22	0.645
感知易用性 (x_3)	我了解生态补偿和生态保护的相关政策	x_{31}	1	5	3.87	0.893
	我掌握必要的生态保护知识和技能	x_{32}	1	5	3.85	0.903
	生态保护行为不需要耗费太多精力	x_{33}	1	5	3.67	0.945
行为态度 (x_4)	生态保护是国家政策，我支持该政策	x_{41}	1	5	4.33	0.635
	我支持在本地区实施生态保护政策	x_{42}	1	5	4.31	0.634
	我对当前的生态保护政策感到满意	x_{43}	1	5	4.09	0.753
主观规范 (x_5)	村委会及上级政府要求保护生态环境	x_{51}	1	5	3.78	0.882
	邻居及亲戚朋友支持保护生态环境	x_{52}	1	5	3.83	0.82
	家人支持保护生态环境	x_{53}	1	5	3.54	1.006
知觉行为控制 (x_6)	自己有进行生态环境保护的能力	x_{61}	1	5	3.73	0.939
	自己有进行生态环境保护的时间	x_{62}	1	5	3.84	0.869
	能够承担生态保护过程中的风险	x_{63}	1	5	3.89	0.872

续表

潜在变量	观测变量	代码	最小值	最大值	平均值	标准差
生态保护意愿 （y）	我会自愿进行生态环境保护	y_1	1	5	4.23	0.641
	我会督促亲友、邻居进行生态环境保护	y_2	1	5	4.14	0.673
	没有补助也愿意参与生态环境保护	y_3	1	5	4.16	0.713

（二）模型构建

结构方程模型是一种能够把样本数据之间复杂的因果关系用相应的模型方程表现出来，并加以测量分析的统计方法，其优势在于能够同时估计因子结构和因子关系，同时处理多个因变量，允许因变量和自变量含有测量误差。结构方程模型分为测量模型和结构模型，测量模型用于分析观测变量和潜在变量之间的关系，结构模型是利用路径分析法来建立潜变量之间的关系，并对潜变量之间的关系加以分析。本章构建了包含生态补偿政策、感知有用性、感知易用性、行为态度、主观规范、知觉行为控制和生态保护意愿七个潜在变量和相对应的21个观测变量的结构方程模型，清晰地描绘居民生态保护意愿影响机制。

测量方程：

$$x = \Lambda_x \xi + \delta \tag{6-1}$$

$$y = \Lambda_y \eta + \varepsilon$$

结构方程：

$$\eta = \beta \eta + \tau \xi + \theta \tag{6-2}$$

在式（6-1）和式（6-2）中：x、y 分别表示外生潜在变量和内生潜在变量相对应的观测变量；Λ_x 和 Λ_y 表示观测变量对外生和内生潜在变量的因子载荷矩阵；ξ 为外生潜在变量，在本章中指生态补偿政策；η 为内生潜在变量，包括感知有用性、感知易用性、主观规范、生态保护意愿；δ、ε 和 θ 均为测量误差项；β 为内生潜在变量间的路径系数，τ 为外生潜在变量与内生潜在变量之间的路径系数。

三、实证分析

（一）信度与效度检验

1. 信度检验

信度是指测量结果的可靠程度，只有通过信度检验的数据才能做进一步的实证分析。运用 SPSS 27.0 软件对量表做信度检验，结果表明（见表 6-2），七个潜变量的克朗巴赫系数范围为 0.887~0.947，均大于 0.7 的最低标准，且 CR 值范围为 0.898~0.949。均大于 0.7 的可接受标准，此量表具有良好的信度。

表 6-2　信度和收敛效度检验

潜变量	观测变量	Unstd.	P	Std.	SMC	cronbach's α 值	CR	AVE
生态补偿政策	x_{11}	1	—	0.857	0.734	0.934	0.936	0.83
	x_{12}	1.035	***	0.959	0.920	—	—	—
	x_{13}	0.99	***	0.914	0.835	—	—	—
感知有用性	x_{21}	1	—	0.936	0.876	0.907	0.921	0.796
	x_{22}	1.042	***	0.978	0.956	—	—	—
	x_{23}	0.944	***	0.746	0.557	—	—	—
感知易用性	x_{31}	1	—	0.930	0.865	0.887	0.898	0.748
	x_{32}	0.902	***	0.901	0.812	—	—	—
	x_{33}	0.923	***	0.752	0.566	—	—	—
行为态度	x_{41}	1	—	0.924	0.854	0.928	0.93	0.815
	x_{42}	1.03	***	0.957	0.916	—	—	—
	x_{43}	0.87	***	0.822	0.676	—	—	—

续表

潜变量	观测变量	Unstd.	P	Std.	SMC	cronbach's α 值	CR	AVE
主观规范	x_{51}	1	—	0.879	0.773	0.947	0.949	0.861
	x_{52}	1.02	***	0.957	0.916	—	—	—
	x_{53}	1.011	***	0.945	0.893	—	—	—
知觉行为控制	x_{61}	1	—	0.970	0.941	0.939	0.943	0.846
	x_{62}	0.995	***	0.955	0.912	—	—	—
	x_{63}	0.904	***	0.828	0.686	—	—	—
生态保护意愿	y_1	1	—	0.904	0.817	0.945	0.946	0.853
	y_2	1.103	***	0.951	0.904	—	—	—
	y_3	1.128	***	0.916	0.839	—	—	—

注：＊＊＊代表 p<0.001。

2. 效度检验

运用 SPSS 27.0 软件检验数据的 KMO 值和 Bartlett 球体检验值判断数据是否适合做因子分析，结果显示整体数据的 KMO 值为 0.893，大于 0.8 的可接受标准，Bartlett 球体检验值为 0.8782，显著性水平小于 0.001，此量表适合做因子分析。运用 AMOS 28.0 软件对数据做验证性因子分析，结果表明（见表 6-3），各观测变量 p 值均小于 0.001 且显著，标准化因子载荷区间为 0.752~0.978，均高于 0.7 的可接受标准，各潜在变量平均方差萃取率（AVE）0.748~0.861，均达到 0.7 的最低要求，说明模型各变量具有良好的收敛效度；各因素 AVE 平方根值均大于对角线外的标准化相关系数，说明各潜在变量具有较好的区别效度。

表 6-3　各潜在变量 AVE 平方根值和变量相关系数

变量	AVE	行为态度	主观规范	生态保护意愿	生态补偿政策	知觉行为控制	感知易用性	感知有用性
行为态度	0.815	**0.903**						
主观规范	0.861	0.566	**0.928**					

续表

变量	AVE	行为态度	主观规范	生态保护意愿	生态补偿政策	知觉行为控制	感知易用性	感知有用性
生态保护意愿	0.853	0.635	0.459	**0.924**				
生态补偿政策	0.83	0.354	0.395	0.481	**0.911**			
知觉行为控制	0.846	0.411	0.257	0.524	0.432	**0.920**		
感知易用性	0.748	0.411	0.361	0.521	0.542	0.512	**0.865**	
感知有用性	0.796	0.65	0.399	0.591	0.463	0.492	0.468	**0.892**

注：对角线加粗数值为 AVE 的平方根值，对角线以下为变量间相关系数。

（二）模型拟合

模型拟合度决定了假设模型与实际情况的吻合程度，模型拟合度越好，研究结果越准确越贴合实际。运用 AMOS 28.0 软件估计模型拟合度，结果表明（见表6-4），卡方自由度比（χ^2/df）为 2.784，差异性指标渐进残差均方和平方根（RMSEA）为 0.066，相似性指标中的适配度指数（GFI）为 0.900，调整后适配度指数（AGFI）0.869，非规准适配指数（TLI）为 0.957，比较适配指数（CFI）为 0.964 和增值适配指数（IFI）为 0.964，这些指标均大于学术界的建议值，本章所设定模型具有良好的拟合优度。

表 6-4 SEM 模型拟合度结果

模型拟合指标	建议值	统计值	拟合情况
卡方自由度比值（χ^2/df）	<3	2.784	好
渐进残差均方和平方根（RMSEA）	<0.08	0.066	好
适配度指数（GFI）	>0.8	0.900	好
调整后适配度指数（AGFI）	>0.8	0.869	好
非规准适配指数（TLI）	>0.9	0.957	好
比较适配指数（CFI）	>0.9	0.964	好
增值适配指数（IFI）	>0.9	0.964	好

四、假设检验与结果

（一）假设检验

软件 AMOS 28.0 对结构方程模型运行得到表 6-5 运行结果。结果表明，所有假设的非标准化路径系数 p 值均小于 0.05 且显著，因此本章假设均成立，实际得到的路径图如图 6-6 所示。

表 6-5　假设检验结果

			标准化系数	非标准化系数	标准误 S. E.	临界比 C. R.	显著性 p	检验结果
感知易用性	<---	生态补偿政策	0.547	0.552	0.05	11.144	***	成立
感知有用性	<---	生态补偿政策	0.306	0.228	0.041	5.506	***	成立
感知有用性	<---	感知易用性	0.31	0.229	0.041	5.525	***	成立
行为态度	<---	感知易用性	0.131	0.099	0.036	2.752	0.006	成立
行为态度	<---	感知有用性	0.59	0.6	0.05	12.112	***	成立
知觉行为控制	<---	感知有用性	0.503	0.722	0.066	10.925	***	成立
主观规范	<---	生态补偿政策	0.406	0.302	0.038	8.044	***	成立
生态保护意愿	<---	知觉行为控制	0.223	0.146	0.029	5.011	***	成立
生态保护意愿	<---	主观规范	0.097	0.091	0.039	2.303	0.021	成立
生态保护意愿	<---	行为态度	0.348	0.32	0.049	6.552	***	成立
生态保护意愿	<---	生态补偿政策	0.17	0.119	0.033	3.555	***	成立
生态保护意愿	<---	感知有用性	0.157	0.147	0.057	2.595	0.009	成立

注：＊＊＊代表 p<0.001。

（二）结果分析

在该模型中，生态补偿政策、感知有用性、感知易用性、知觉行为控制、主观规范和行为态度均对农户生态保护意愿产生直接或间接影响，经统计，其影响效应如表 6-6 所示。

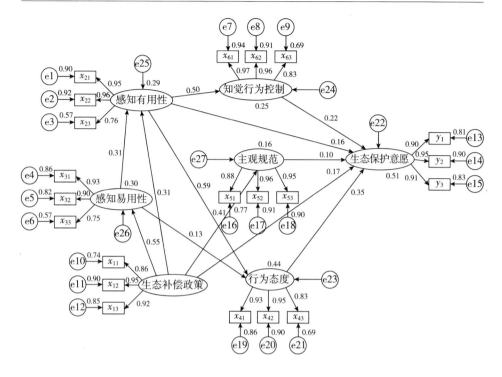

图6-6　结构方程路径

表6-6　各变量对生态保护意愿的影响效应

潜变量	中介变量	直接效应	间接效应	总效应
生态补偿政策	感知有用性、感知易用性、主观规范、知觉行为控制、行为态度	0.170	0.290	0.461
感知易用性	感知有用性、知觉行为控制、行为态度	—	0.193	0.193
感知有用性	知觉行为控制、行为态度	0.157	0.318	0.475
行为态度	—	0.348	—	0.348
主观规范	—	0.097	—	0.097
知觉行为控制	—	0.223	—	0.223

（1）生态补偿政策分析。分析结果显示，生态补偿政策对农户的感知有用性、主观规范、感知易用性和生态保护意愿有显著正向影响（0.306；0.406；0.547；0.17），H_9、H_{10}、H_{11} 和 H_{12} 得证，这说明生态补偿政策的实

施不仅可以为农户带来红利，降低农户进行环境保护的难度，而且可以增强社会团体保护环境行为对农户产生的影响力，激发农户生态保护意愿。生态补偿政策对农户感知易用性的直接影响最大，对生态保护意愿的直接作用最小。同时，生态补偿政策以感知有用性、感知易用性、知觉行为控制、主观规范和行为态度为中介变量，对生态保护意愿产生间接影响，八条间接路径的总效应值为 0.290。在三个解释因素中，x_{12} 的解释程度最强（0.959），随后是 x_{13}（0.914），x_{11} 的解释程度相对较弱（0.857），说明经济因素是农户是否保护环境的重要考量，相比于政策信息的透明，农户更期望获得较为丰厚的生产成本补偿，相关部门也应该探索多样化的补偿方式，重视产业扶持、技术援助、人才支持等补偿手段，充分调动社会各界参与生态保护的积极性，架起绿水青山通向"金山银山"的桥梁，让山更青，水更绿，农民更文明，口袋更富足。

（2）感知易用性分析。根据分析结果可知，居民的感知易用性显著影响感知有用性（0.31），这说明生态保护相关技能越简单，居民有更大的把握掌握该项技能并且从中获得该项保护技能为自身带来的红利，H_7 成立。感知易用性显著正向影响其行为态度（0.131），当保护技能掌握难度低时，意味着居民付出更低的成本和风险去学习该项技能，更容易诱发他们积极肯定的保护心理，形成积极的行为态度，H_8 成立。居民的感知易用性通过感知易用性—感知有用性—知觉行为控制—生态保护意愿和感知易用性—行为态度—生态保护意愿两条路径间接影响显著影响其保护意愿，两条间接路径的总效应值为0.193。三个解释因素均对农户的感知易用性产生显著的解释作用，x_{31} 的影响最大（0.930），随后是 x_{32}（0.901），x_{33} 的影响相对较小（0.752），这说明农户对生态补偿和生态保护的相关政策是否了解对其感知易用性的影响更大，以及掌握了必要的生态保护知识和技能的农户具有更高的感知易用性。

（3）感知有用性分析。根据分析结果可知，居民的感知有用性对其行为态度、知觉行为控制和生态保护意愿有显著的正向影响，即居民认为生态保护可以为自身或社会带来的益处越多，则其保护的态度、信心和意愿就越强烈，

H_4、H_5 和 H_6 成立。感知有用性对行为态度的直接作用程度最强（0.59），对知觉行为控制的直接效应次之（0.503），对保护意愿的直接效应最弱（0.157）。感知有用性通过路径感知有用性—行为态度—生态保护意愿和感知有用性—知觉行为控制—生态保护意愿对居民保护意愿产生间接影响，两条间接路径的总效应值为 0.318。三个解释因素均显著影响居民的感知有用性，其中 x_{22} 的解释能力最强（0.978），随后是 x_{21}（0.936）和 x_{23}（0.746），这说明农户对生态保护能否改善居住环境更为关心，良好的居住环境是提高生活质量的关键，优美的生态环境不仅能让人身心愉悦、乐于居住，而且能抑制消极、暴躁的心理与行为，对激发农户参与生态保护具有积极作用。

（4）行为态度分析。分析结果显示，行为态度对农户的生态保护意愿产生显著正向影响（0.348），验证了 H_1，这表明农户对生态保护态度愈积极，则其愿意执行保护活动的意愿就愈强烈。在所有影响生态保护意愿的直接影响因素中，行为态度对生态保护意愿的直接影响程度最大，原因可能是态度含有行为的倾向性，现在农户对该项事物的态度决定其是否有意愿去执行。同时，行为态度在模型中的显著证明模型内中介效应成立，农户的感知有用性和感知易用性都以行为态度为中介显著影响农户的生态保护意愿。三个解释因素均显著影响农户行为态度，其中 x_{42} 的解释能力最强（0.957），x_{41} 次之（0.924），x_{43} 最弱（0.822），这说明，一方面，农户领地意识使他们更希望在居住地实施相关补偿政策而改善居住环境，所以当地政策的实施对其行为态度的影响最大；另一方面，生态保护仍然是政府主导的政策性活动，农户在此类活动中没有积极的自觉性，因此对补偿政策的满意程度难以对其行为态度产生较大的影响。

（5）主观规范分析。农户主观规范显著正向影响其生态保护意愿（0.097），H_2 成立，说明他人或团体的意见和看法会影响个体行为意愿，与集体规范和意见对个体行为意愿有重要影响的观点相同。在所有对保护意愿有直接影响的因素中，主观规范对农户保护意愿的直接影响最小，原因可能是生态保护意味着要付出一定的机会成本，所以农户更关心保护后的补偿方式以及保护的难易度等，在自我利益相关性面前，来自他人的规范性压力对保护意愿的直接效应不如其他潜变量大。同时，主观规范在模型中的显著说明以主观规范为中介变量的中介效应成立，主观规范通过"生态补偿政策—主观规范—生态保护意愿"路径对生态保护意愿产生间接影响。三个解释因素全部是主观规范的显著因素，其中 x_{52} 和 x_{53} 的影响程度相当（0.957；0.945），x_{51} 的影响程度相对较弱（0.897），这说明，农户的保护行为如果得到了家人、邻居和亲朋好友的支持，或这些社会关系的保护行为给农户树立了积极的示范作用，农户的生态保护意愿会更强烈。

（6）知觉行为控制分析。知觉行为控制对农户保护意愿具有显著正向影响（0.223），这说明农户越觉得自身有能力完成生态保护任务，其保护意愿越高，H_3 成立。同时，知觉行为控制在模型中的显著证明模型内中介效应成立，农户的感知有用性以行为态度为中介显著影响农户保护意愿。在三个解释因素中，x_{61} 的影响作用最大（0.970），随后是 x_{62}（0.955），相比来说 x_{63} 的影响相对较小（0.828）。由于调研对象多为农民，受教育程度不高，对生态保护相关技能和知识掌握较少，因此他们自身是否有保护环境能力是影响其执行保护行为的重要因素，这就给相关部门带来了工作方向，给农户定期培养保护技能，提高其保护能力，有利于提高农户保护积极性。

（7）生态保护意愿分析。本章从自愿进行生态保护、督促亲友和邻居进行生态保护及没有补助自愿参加生态保护三个方面对农户保护环境意愿进行考察。通过观测变量各得分可知（4.23；4.14；4.16），农户生态保护意愿强烈，保护意愿的平均得分均达到了"同意"程度。从生态保护意愿观测变量的载荷系数看，y_2（0.951）、y_3（0.916）和 y_1（0.904）均是其显著解释因素，且得分相似。

第七章　完善引汉济渭工程水源区生态补偿机制政策体系设计

一、科学确定市场化生态补偿标准核算机制

（一）建立生态产品调查监测机制和生态产品价值评价机制

推进自然资源确权登记。健全自然资源确权登记制度规范，有序推进统一确权登记，清晰界定自然资源资产产权主体，划清所有权和使用权边界。丰富自然资源资产使用权类型，合理界定出让、转让、出租、抵押、入股等权责归属，依托自然资源统一确权登记明确生态产品权责归属。开展生态产品信息普查。基于现有自然资源和生态环境调查监测体系，利用网格化监测手段，开展生态产品基础信息调查，摸清各类生态产品数量、质量等底数，形成生态产品目录清单。建立生态产品动态监测制度，及时跟踪掌握生态产品数量、质量等级、功能特点、权益归属、保护和开发利用情况等信息，建立开放共享的生态产品信息云平台。

针对生态产品价值实现的不同路径，探索构建行政区域单元生态产品总值和特定地域单元生态产品价值评价体系。考虑不同类型生态系统功能属性，体现生态产品数量和质量，建立覆盖各级行政区域的生态产品总值统计制度。探索将生态产品价值核算基础数据纳入国民经济核算体系。考虑不同类型生态产品商品属性，建立反映生态产品保护和开发成本的价值核算方法，探索建立体现市场供需关系的生态产品价格形成机制。制定生态产品价值核算规范，鼓励地方先行开展以生态产品实物量为重点的生态价值核算，再通过市场交易、经济补偿等手段，探索不同类型生态产品经济价值核算，逐步修正完善核算办法。在总结各地价值核算实践基础上，探索制定生态产品价值核算规范，明确生态产品价值核算指标体系、具体算法、数据来源和统计口径等，推进生态产品价值核算标准化。推动生态产品价值核算结果应用。推进生态产品价值核算结果在政府决策和绩效考核评价中的应用。探索在编制各类规划和实施工程项目建设时，结合生态产品实物量和价值核算结果采取必要的补偿措施，确保生态产品保值增值。

（二）持续推进生态补偿标准核算机制

加强组织领导。按照中央统筹、省负总责、市县抓落实的总体要求，建立健全统筹协调机制，加大引汉济渭工程水源区生态补偿实现工作推进力度。各有关部门和单位按职责分工，制定完善相关配套政策制度，形成协同推进生态补偿实现的整体合力。地方各级党委和政府要充分认识建立健全水源区生态补偿实现机制的重要意义，采取有力措施，确保各项政策制度精准落实。

强化智力支撑。依托高等学校和科研机构，加强对市场化生态补偿标准核算机制改革创新的研究，强化相关专业建设和人才培养，培育跨领域跨学科的高端智库。组织召开国际研讨会、经验交流论坛，开展国际合作。

推动督促落实。系统梳理生态产品价值实现相关现行法律法规和部门规章，相关部门应同多元利益主体定期对本意见落实情况进行评估，重大问题及时向上级部门报告。

二、合理完善市场化生态补偿分担机制

（一）完善政府在生态补偿机制中的作用

构建跨区域的生态补偿机制，以财政转移支付为主的政府补偿和以民间资本为主的市场补偿方式相结合形成"财政转移支付纵横交错，市场补偿穿插其中"的网络式生态补偿方式。生态环境服务的外部性和公共产品属性以及现阶段在生态服务价值评估和标准确定方面的限制，造成生态环境效益的经济价值准确评估存在较大的困难。因此，需要政府作为公共利益的代表对生态服务进行补偿。建立生态补偿机制，"谁开发谁保护、谁受益谁补偿"，加大中央财政的生态补偿和转移支付力度，建立生态补偿转移支付体制，落实分类管理的财政、投资等区域政策，多方筹集资金，保障生态治理的资金投入。

政府补偿主要包括纵向财政转移支付和横向财政转移支付，纵向财政转移支付是指上级政府对下级政府的生态保护财政转移支付，以非市场运作为主要途径，其主要的资金来源为税收和收费等。由于纵向财政转移支付无法在水源区和受水区之间建立直接、紧密的补偿关系，同时中央政府难以掌握各个区域的具体情况，只能建立比较统一的生态补偿转移支付制度，这样会影响生态补偿的效果。而横向财政转移支付方式能够直接、有效地协调那些生态关系密切的相邻区域。横向财政转移支付是基于生态服务正外部性的补偿主体向受偿主体支付财政转移的制度，其核心是通过受水区地方政府向提供生态服务或者发展受限的水源区地方政府转移部分财政资金，在生态服务联系密切的区域间建立起跨区域的生态服务交换关系，从而形成内部化生态服务的正外部效应。

（二）完善市场交易的补偿路径

从生态补偿的现实条件来看，随着我国市场机制的逐步完善，在生态补偿领域适当引入市场机制，利用经济激励手段来促进生态环境保护与建设是必然的发展趋势，市场机制的参与有利于建立公平、高效的生态利益共享及责任分担机制。建立市场补偿机制是完善引汉济渭工程水源区和受水区生态补偿机制的重要途径，其重要作用体现在：一是能够实现生态补偿主体多元化，弥补各级政府的财力约束，增加生态环境保护的资金投入；二是市场机制的运行是以价格机制和供求机制为基础的，受偿主体和补偿主体之间通过讨价还价形成的生态补偿协议具有更高的效率，有利于确立合理的补偿额度；三是价格机制能够更好地体现生态产品和服务的经济价值，使居民意识到生态产品与服务和工业产品和服务一样，也能够创造经济价值，有利于提高居民的生态环境保护意识。

把多元化、市场化的生态补偿机制作为我国建立健全生态补偿机制的重要战略方向以及内部化水源区生态保护外部性的重要举措。要实现产业生态化和生态产业化发展目标，要让"看不见的手"发挥更大作用。我国要逐步培育和发展生态市场主体和市场中介，鼓励市场主体、市场中介直接进行市场交易。生态市场中介组织包括行业自律协会、咨询公司或经纪人、金融服务机构、资产评估机构、拍卖行、公证和仲裁机构、信息服务机构、律师事务所、社会组织和社会企业等。在生态补偿的重点和难点领域，通过购买服务的方式引入第三方市场力量。在区域生态补偿机制建设过程中，既要实现政府组织结构的扁平化以及治理能力的现代化，又要引入市场力量突破区域发展的难点问题。在市场工具方面，完善拍卖、生态积分、生态标签或生态认证等在生态补偿领域的应用。我国要加快实现生态产业，尤其是生态服务产业的发展，积极融入全球生态产业链。

（三）完善基于社区的生态补偿治理机制

我国在生态补偿实践中要重视社区参与度，以良好的社区治理保证生态补偿项目的成功。一是推进社区参与机制，建立与社区和公众的沟通机制。在生态补偿项目的计划、实施和评估过程中，要重视与社区和公众的沟通，增强社区居民对项目的认同感，引导社区居民积极参与项目，成为项目组织机构成员。在生态补偿决策制定过程中，要让社区居民参与决策甚至成为决策制定机构的成员。二是关注社区利益，建立科学的利益分配机制。社区居民获得足够的补偿对生态补偿项目的持续性非常重要。除了资金补偿、工作岗位提供、技术培训、基础设施建设、精神激励等非资金补偿方式对社区居民同样重要。三是关注公平。引汉济渭工程水源区一般多为农村欠发达地区。具体可以从以下四个方面完善：

第一，健全环境保护信息公开制度，增强信息的公正透明度。

《中华人民共和国环境保护法》第五十三条规定："公民、法人和其他组织依法享有获取环境信息、参与和监督环境保护的权利。各级人民政府环境保护主管部门和其他负有环境保护监督管理职责的部门，应当依法公开环境信息、完善公众参与程序，为公民、法人和其他组织参与和监督环境保护提供便利。"

环境信息对于公众参与有着十分重要的作用，公众参与的前提就是公众能够准确及时地获得生态环境和生态资源保护、污染治理以及环境质量等方面的信息，只有在充分了解环境信息的前提下，公众才能在环境保护中发挥应有的作用。在自上而下的行政管理体制下，我国环境信息发布的主体是政府环保部门。这些部门应依法及时、准确地公开涉及公众利益的环境质量信息，以便当地公众的监管。

就公开内容来说，政府要对生态环境质量、生态环境保护政策的制定及执行状况、生态移民搬迁及搬迁补助状况、工程建设的环境评估状况、排污收费状况和污染治理状况等相关信息进行公开，使全体居民能够准确及时了解到关系切身利益的相关信息，更好地行使监管权力，对违法行为进行举报。就信息公开方式来说，随着信息技术的发展，现阶段的政府信息公开方式更加多样化，如通过建立政府公报的信息资料室、信息电子公告栏、环境保护政府工作网站以及微信群等方式公开生态环境保护和污染治理方面的相关信息。

第二，调动社会公众参与生态环境保护的积极性。

社会公众积极参与是提高生态环境保护效果的重要途径之一，社会公众在生态环境保护和治理中不应是被动消极的接受者，而应是积极主动的参与者。社会公众参与的积极性来源于本身利益的保障，因此要想提高社会公众参与生态环境保护的积极性，必须尊重并最大限度地满足居民的利益诉求。同样，我国法律法规也对公民参与生态环境保护提供了依据，如我国《中华人民共和国宪法》中明确规定"人民依照法律规定，通过各种途径和形式，管理国家事务，管理经济和文化事业，管理社会事务。"这是我国公民参与环境管理的宪法依据。增强公民参与环境保护的积极性，一方面要有制度保障，可以通过法律法规的完善，逐步提高社会公众参与生态保护和环境污染治理的地位，强调生态环境保护中"公众参与"的重要地位，在条件允许的情况下，可以将社会公众的责任和权力纳入国家法律法规之中，使其监督建议及部分决策的权力得以制度化，逐渐提高当地居民和社会团体等社会公众的参与程度。另一方面要在物质方面提供激励，《中华人民共和国环境保护法》第二十二条规定："企业事业单位和其他生产经营者，在污染物排放符合法定要求的基础上，进一步减少污染物排放的，人民政府应当依法采取财政、税收、价格、政府采购等方面的政策和措施予以鼓励和支持。"第二十三条规定："企业事业单位和其他生产经营者，为改善环境，依照有关规定转产、搬迁、关闭的，人民政府应当予以支持。"居民、农户和企业是以自身利益最大化为行为选择目标的，而环境保护的正外部性和环境污染的负外部性使这些行为主体的收益和成本不匹配，因此更倾向于选择"搭便车"行为。因此在对环境污染者进行处罚收费的同时，政府可以成立专门的生态保护激励基金，对积极参与生态保护共同治理的社会公众给予物质奖励，并在其他可能获得私人利益的项目和工作方面给予优先考虑。

第三，促进环保NGO积极参与生态环境保护，发挥其重要作用。

与居民个体相比，环保NGO的力量和影响力更加强大，并已为立法和社会所接受，在表达公众环境利益、参与生态环境保护事务中具有不可替代的优越性。现阶段在我国生态环境问题的解决中，屡屡见到环保NGO的影子，并且其实践取得了显著的效果。关于环保NGO的组建和运行，从政府方面来讲，政府要为参与共同治理的环保NGO在制度和政策上，提供参与的空间，通过合理的组织框架以及行政保证，明确地方环保组织的法律地位和职责权限，保证环保组织的参与性和自主性。从环保NGO的组建方面来讲，环保NGO应由当地的环保人士、环境专家等社会精英和环保公益组织牵头，通过宣传协会的宗旨、会员的权利义务，让居民了解本协会与其自身利益息息相关，鼓励居民参与其中，争取建立包含整个所有居民在内的NGO。此外，协会的组建还要保障特殊群体（如残障人士、少数民族等）的权利，针对群体的特点设定参与方式，对参与有一定困难的群体，给予政策上的支持，保证各个群体都参与其中。从环保NGO的运行方面来讲，一方面应制定合理的运作规则和组织章程，建立自律机制，实现成员的共同管理和自我管理，保证该组织具有与政府建立信任合作关系的坚实基础；另一方面可以自筹经费，争取受益者的捐赠、其他环保人士和组织的社会捐赠，以及政府的资金支持。

第四，加强环境教育，加大环境保护及治理知识的普及。

公民具备一定的环境保护及治理知识是其参与生态环境保护和监管政府行为的必要条件。公民必须具备能够对政府公开的信息进行识别、理解和认知的能力。本书认为，政府、环保NGO，具有较强环保意识和知识的环保人士、社会精英以及环保志愿者应积极对居民进行环境知识的宣传教育，以提高其参与生态环境保护能力。具体来说，本书认为应从以下几个方面入手：一是乡镇政府和村委会应定期或者不定期地召开村民大会，对环境保护知识进行讲解，让村民具有基本的环境认知能力。二是通过村委会政务宣传栏、环境知识宣传标语等方式加大对环保技术、治理知识等内容的宣传和普及。三是环保 NGO 可以定期或者不定期地组织会员进行环境知识和环保技术的学习，并邀请环境保护方面的专家学者进行现场讲解和教育。四是社会精英和环保志愿者等可以向村民发放有关环保知识和环境治理技术宣传册，并利用空闲时间对村民进行讲解，解答村民的疑惑。五是环境保护意识从小培养，学校应加强有关环境保护和监测治理的正规教育，使学生从小就树立其环境保护义务以及环境公平的意识。

（四）完善生态补偿治理结构

生态补偿项目成功的关键在于构建多元合作治理结构，生态补偿治理主体多元化，包括政府、企业、公众和社会组织等。生态补偿机构设置包括权力机构、决策和执行机构、监督和审计机构。生态补偿的权力机构由利益相关者的代表组成，只决定重大事项，如章程的制定和修改、决策机构的改选等。决策和执行机构负责生态补偿项目的日常经营，向权力机关报告工作。监督机构负责对决策和执行机构的监督。为了保证监管的独立性和有效性，监督主体与决策主体有效分离。决策机构成员应该包括与项目密切相关的政府部门、企业、社会组织和有社会影响力的公众代表，以保证机构组成有广泛的代表性。为了保证生态补偿的持续性，可引入外部机构对公众进行生态环境教育、生态补偿政策宣传、技术指导和培训等，做好生态补偿相关服务。考虑到信息披露、沟通和协商、冲突解决对项目有重大影响，应完善治理机构中相关渠道。农民代表和农民是委托—代理关系，应保证农民代表在生态补偿支付、生态补偿重要信息沟通以及参与项目农民的有效选择等重大问题上真正具有代表性，增强群众的获得感。要因地制宜，结合实际，完善生态补偿治理结构，保证生态补偿的执行力和有效性。

要牢固树立和践行"绿水青山就是金山银山"理念，改变长期以来形成的经济发展与环境保护利益冲突论，形成发展和环境互助互利的关系。未来还需要在生态补偿金融创新、区域协同、国际合作、社会组织和公众参与、性别主流化等领域进一步研究与实践，实现我国生态文明建设目标。

三、高效提高市场化生态补偿激励监管机制

本节从监管机制设计和保障机制两个角度出发，提出相关的耕地生态补偿激励监管机制设计的政策建议。

（一）生态补偿监管机制体系设计

水源区生态补偿监管约束机制建设，主要是解决"补偿实施如何得以保障"的问题。生态补偿监管约束的最终目的是提高补偿资源的利用效率，其可利用补偿资源主要是资金和政策两大块，因此引汉济渭工程生态补偿监管约束机制建设主要是对资金和政策两个角度的监督约束。

1. 生态补偿资金管理制度建设

生态补偿资金在生态补偿机制实施中发挥引导和激励作用，必须对水源区生态补偿资金的使用进行严格的管理，建立规范化、科学化、程序化的生态补偿资金管理制度，包括生态补偿资金规划、使用等方面。

一是生态补偿资金规划管理制度。要坚持生态补偿资金统一规划制度，统一组织、分配与管理。审查和评价补偿地区的阶段性建设和保护方案及可行性研究报告，综合性分析论证生态补偿的技术可行性、经济合理性、资金配套等。受水区各级生态补偿主管部门要围绕工程环境保护和建设发展战略，在本辖区制定的环境阶段性保护和建设方案以及总体规划基础上，做好信息储备工

作，建立生态补偿资金信息管理系统和数据库。

二是生态补偿资金使用管理制度。生态补偿中严格按开支标准和范围，监督和控制各个环节的资金流，实现动态监控，加快生态补偿资金使用管理制度建设，使资金处于良性循环状态，大大降低资金的使用风险。建立生态补偿资金的日常核算稽查制度、生态补偿资金责任控制制度等。

2. 生态补偿管理制度监管

一是补偿费征收监督机制。各级行政主管部门、环境保护部门等机构应建立有权威性，行使监督权的监督管理体系，监督在水资源开发利用中利用国家所有的资源获得收益的行为、造成其他单位、个人损失，甚至水生态破坏和环境污染的行为等，对其进行合理的征收税费；采取强有力的行政措施来加强资源的公平合理利用，保障水资源可持续利用。

二是生态效益增值与损失监督、监测机制。各级政府部门组织建立有权威性的，并能代表政府行使监督权的监督管理体系，监督水资源保护行政执法和生态建设的行为，如生态公益林建设情况、补偿制度的执行情况、补偿费的发放及使用情况等都需要监督机构的监督；建立资源保护效益与损失测督机构，加强对水生态环境的监测工作，分类别建立动态数据管理系统，监测生态环境的资源消长、劳动投入和效益发挥情况，为科学化管理、准确评估、合理确定补偿幅度提供可靠依据。国土、农业、环保、发改委、林业、畜牧、财政等部门要加强协作，达成共识，形成强有力的监督力量。

3. 重视并规范水源区生态环境质量考核监管

一是高度重视生态环境质量考核工作。水源区的生态环境质量考核对评估生态补偿绩效具有重要意义，环保、财政部门要进一步加强对考核工作的组织领导，共同督促地方政府切实加大生态建设和环境保护工作力度，不断改善生态环境质量。

二是强化考核结果的应用。根据考核结果合理分配生态补偿，加强对考核结果的应用，加大对生态环境"脆弱"地区的生态补偿力度，对生态环境质量"变好"的地方政府给予适当奖励，对生态环境质量"变差"的地方政府给予适当扣减。同时，进一步加强和规范生态补偿资金的使用，保证水源区生态建设和环境保护的资金投入。

三是进一步规范考核工作。加强对各地方政府生态环境质量考核工作的组织指导，加快提升地方政府环境监管能力，保障生态环境检测、评估和考核工作经费，建立和完善政府负责、部门协作、省级审核、国家审核的考核工作机制，推动后续考核工作顺利开展，不断提高水源区生态建设和环境保护工作水平。

（二）水源区生态补偿实施的保障机制设计

1. 体制保障

一是建立生态补偿跨区域协调监管机构。针对水生态环境管理涉及农业、国土、环保等部门，部门分头管理现象严重，众多补偿主体、补偿对象及补偿途径联结形成复杂、网络化的生态补偿协调机构体系，上级政府明确各部门在水生态补偿体系中的职责和任务的同时，专门成立针对水生态补偿的协调部门，全面负责有关水生态环境补偿的相关事项，进行利益协调，推进水生态补偿机制的建立，解决区域间的水生态建设和耕地生态补偿问题，以加强各区域之间的协作。只有水生态补偿机构体系健全和规范，才能使水资源补偿金征收与发放的工作规范化。随着水生态补偿制度的不断完善，对水生态建设项目资金从行政内部监督系统和行政外部监督系统两个方面建立严格的行政监督机制，规范水生态补偿基金的使用，使生态补偿能落实到实施水生态保护的主体和受耕地生态保护影响的居民，使之能有效地促进水生态保护工作。

二是建立有差别多元性的政绩指标体系。政绩考核政策对遏制地方政绩冲动、完善监督机制和相关的生态补偿政策顺利实施具有重要的意义。转变政府职能，变经济发展型政府为公共服务型政府，建立与之相匹配的绩效考核标准。在贯彻落实水生态补偿政策过程中，通过政策的整合、细化、扩充、协调，保障资源及资金供给，建立统一的管理机构，建立政府与公众之间的互动机制，建立健全政绩考核评价机制，进一步加强地方政府的执行力。

2. 政策保障

一是区域产业环境准入政策。按照《中共中央关于全面深化改革若干重大问题的决定》，对于水源区应有条件的限制开发，禁止生态环境污染和水污染严重的产业入内，适度实行水生态保护优先的绩效评价，强化对提供水生态产品能力的评价，弱化对工业化城镇化相关经济指标的评价。

二是加快城镇化建设，促进人口迁徙。水生态问题本质上是经济问题，是伴随经济发展产生的，因此最终也需要发展经济来解决。把欠发达地区人口迁徙作为实现生态补偿的一种方式，对指导并促进我国区域协调发展具有重要意义。

三是积极推动环保领域的科技进步。水生态补偿的顺利实施需要科技保障。为了使环境科技发展尽快满足水源区环境保护的要求，需要积极引导鼓励有利于环境保护的技术进步，以环境科技为主体，开展能源高效利用技术、新材料开发、清洁生产工艺等技术的研究开发。

四是积极探索"产业飞地"发展模式。考虑到水源区不适合大规模集聚产业和人口，可以探索水源区生态系统服务功能与受水区的产业功能在区域空间上的置换，在适宜大规模集聚产业的受水区设立"产业飞地"，通过积极协商，从体制、机制、政策上为"产业飞地"发展创造良好的环境。在"产业飞地"建设过程中，政府应高度重视和认真解决"飞入地"与"飞出地"之间在资源整合、利益分配、产业园区建设等方面的问题，促进两地互惠共赢。

3. 财政保障

一是建立水源区水资源生态补偿机制。"谁开发谁保护、谁受益谁补偿"，加大水源区生态补偿和转移支付力度，落实分类管理的财政、投资等区域政策，多方筹集资金，保障水源区生态治理的资金投入。中央财政转移支付是水源区生态补偿资金的直接来源，但投入相对偏低，地方政府肩负着生态补偿责任。应逐步完善区域间横向财政转移支付制度，考虑到横向转移支付的复杂性，横向转移纵向化是化复杂为简单的有效方法。

二是充分发挥金融信贷在水源区生态补偿方面的融资功能，实现资金来源的多元化。通过国家与各级财政生态专项补偿、建立生态补偿保证金制度、征收水生态补偿费与生态补偿税、优惠信贷、资产证券化融资等途径拓宽水源区生态补偿基金的渠道。

三是积极争取国际社会捐助和国际相关组织（NGO）的支持。积极推进水源区生态预算，反映各责任主体生态资源环境保护资金使用的效率和效果。将水源区生态预算从财政预算中分离出来，建立从属或平行于财政预算的水资源生态预算，将其作为各级地方政府综合绩效评价与确定生态转移支付的重要指标。

四、强化水源区居民生态保护意愿和行为

（一）完善和落实微观视角下生态补偿制度

一方面，探索多样化补偿方式。在国家重点生态功能区开展生态环保教育培训，引导发展特色优势产业，扩大绿色产品生产。支持发展生态农业和循环农业，参与推进生态环境保护导向的开发模式项目试点，以弥补因受到生态功能区禁限开发而机会成本增加的群体。另一方面，拓展市场化融资渠道，构建内生性资金供应与外部性资金支持协同发力的生态补偿多元融资体系，吸引直接受益者与社会资本参与，禁止受益主体"搭政府便车"却不愿投资生态补偿项目的行为。

（二）提升居民环保意识

加强政府与居民的双向沟通，使居民了解生态保护为农村发展和家庭生活带来的增益，发挥感知有用性在决策过程中的促进作用；组织开展环保技能培训，降低居民环境保护的时间和精力成本，提升居民的感知易用性；通过多渠道充分宣传生态补偿政策，使居民对政策抱有信任和支持，进而发挥行为态度在决策过程中的主导作用；大力宣传在生态保护方面做出突出贡献的模范人物，号召群众向先进看齐，强化主观规范正向作用；制定和实施符合当地实际状况的社会保障和补贴政策，提高其收入水平，增强其知觉行为控制。

（三）鼓励居民参与保护政策制定过程，完善自下而上的反馈机制

地方政府和相关管理部门应激励社区居民共同参与到生物多样性和生态系统的保护过程中，采取多种形式引导社区、居民、企业等利益相关方参与重要政策制定，建立共管协议。还可以通过提供就业岗位和补偿损失，达到利益共享，让周边居民形成对生态建设更加积极的认知，建立居民参与生态管理和建设的正向激励机制。

参考文献

［1］ Ajzen I, Fishbein M. Attitude-Behavior Relations: A Theoretical Analysis and Review of Empirical Research ［J］. Psychological Bulletin, 1977, 84: 888-918.

［2］ Ajzen I. The Theory of Planned Behavior ［J］. Organizational Behavior and Hunan Decision Processes, 1991, 50 (2): 179-211.

［3］ Bennett D E, Gosnell H, Lurie S, et al. Utility Engagement with Payments for Watershed Services in the United States ［J］. Ecosystem Services, 2014 (8): 56-64.

［4］ Castro A J, Vaughn C C, Garcia-Llorente M, et al. Willingness to Pay for Ecosystem Services Among Stakeholder Groups in a South Central U. S. Watershed with Regional Conflict ［J］. Journal of Water Resources Planning & Management, 2016, 142 (9): 1-8.

［5］ Coq J F L, Froger G, Pesche D. Understanding the Governance of the PES Programme in Costa Rica: A Policy Process Perspective ［J］. Ecosystem Services, 2015 (16): 253-265.

［6］ Corbera E, Soberanis C G, Brown K. Institutional Dimensions of Payments for Ecosystem Services: An Analysis of Mexico's Carbon Forestry Programmer ［J］. Ecological Economics, 2009, 68 (3): 743-761.

［7］ Costello C, Gaines S D, Lynhain J. Can Catch Shares Prevent Fisheries Collapse? ［J］. Science, 2008, 321: 1678-1681.

［8］ David M. Social Psychology ［M］. Beijing: Posts and Telecommunications Press, 2009.

［9］ Davis F, Venkatesh V. A Critical Assessment of Potential Measurement Biases in the Technology Acceptance Model: Three Experiments ［J］. International Journal of Human-Computer Studies, 1996, 45 (1): 19-45.

［10］ Davis F. A Technology Acceptance Model for Empirically Testing New End-user Information Systems: Theory and Results ［D］. Massachusetts: Massachusetts Institute of Technology, 1986.

［11］ Davis F. Perceived Usefulness Perceived Ease of Use, and Acceptance of Information Technology ［J］. Mis Quarterly, 1989, 13 (3): 340-391.

［12］ Deal R L, Cochran B, Larocco G. Bundling of Cosystem Services to Increase Forestland Value and Enhance Sustainable Forest Management ［J］. Forest Policy & Economics, 2012, 17 (4): 69-76.

［13］ Engel S, Pagiola S, Wunder S. Designing Payments for Environmental services in Theory and Practice: An overview of the Issues ［J］. Ecological Economics, 2008, 65 (4): 663-674.

［14］ Farley J, Costanza R. Payments for Ecosystem Services: From Local to Global ［J］. Ecological Economics, 2010, 69 (11): 2060-2068.

［15］ Fisher B, Polasky S, Sterner T. Conservation and Human Welfare: Economic Analysis of Ecosystem Services ［J］. Environmental & Resource Economics, 2011, 48 (2): 151-159.

［16］ Freeman R E. Strategic Management: A Stakeholder Approach ［M］. Cambridge: Cambridge University Press, 1984.

［17］ Kroeger T. The Quest for the "Optimal" Payment for Environmental

Services Program: Ambition Meets Reality, with Useful Lessons [J]. Forest Policy & Economics, 2013, 37 (3): 65-74.

[18] Lee M C. Factors Influencing the Adoption of Internet Banking: An Integration of TAM and TPB with Perceived Risk and Perceived Benefit [J]. Electronic Commerce Research & Applications, 2009, 8 (3): 130-141.

[19] Li Y, Yang F, Liang L, et al. Allocating the Fixed Cost as a Complement of Other Cost Inputs: A DEA Approach [J]. European Journal of Operational Research, 2009, 197 (1): 13-20.

[20] Lux T. Herd Behaviro, Bubbles and Crashes [J]. The Economic Journal, 1995, 105 (3): 881-896.

[21] Mitchell R K, Agle B R, Wood D J. Toward a Theory of Stakholder Identifications and Salience: Defininf the Principle of Who and What Really Counts [J]. The Academy of Management Review, 1997, 22 (4): 853-886.

[22] Muradian R, Corbera E, Pascual U, et al. Reconciling Theory and Practice: An Alternative Conceptual Framework for Understanding Payments for Environmental Services [J]. Ecological Economics, 2010, 69 (6): 1202-1208.

[23] Newton P, Nichols E S, Endo W, et al. Consequences of Actor Level Livelihood Heterogeneity for Additionality in a Tropical Forest Payment for Environmental Services Programmer will an Undifferentiated Reward structure [J]. Global Environmental Change, 2012, 22 (1): 127-136.

[24] Pant K P, Rasul G. Role of Payment for Environmental Services in Improving Livelihoods and Promoting Green Economy: Empirical Evidence from a Himalayan Watershed in Nepal [J]. Journal of Environmental Professionals Sri Lanka, 2013, 2 (1): 1-13.

[25] Petheram L, Campbell B M. Listening to Locals on Payments for Environmental Services [J]. Journal of Environmental Management, 2010, 91 (5):

1139-1149.

[26] Pigou A C. The Economics of Welfare [M]. London: Macmillan, 1920.

[27] Samuelson P A. The Pure Theory of Public Expenditure [J]. Reviews of Economics and Statistics, 1954, 36 (4): 387-389.

[28] Schomers S, Matzdolf B. Payments for Ecosystem Services: A Review and Comparison of Developing and Industrialized Countries [J]. Ecosystem Services, 2013, 6: 16-30.

[29] Si X, Liang L, Jia G, et al. Proportional Sharing and DEA in Allocating the Fixed Cost [J]. Applied Mathematics & Computation, 2013, 219 (12): 25-32.

[30] Smith M, Groot R S D, Bergkamp G, et al. Establishing Payments for Watershed Services [M]. Switzerland: International Union for Conservation of Nature and Natural Resources, 2006.

[31] Todd T P. Assessing IT Usage: The Role of Prior Experience [J]. Mis Quarterly, 1995, 19 (4): 561-570.

[32] Vatn A. An Institutional Analysis of Payments for Environmental Services [J]. Ecological Economics, 2010, 69 (6): 1245-1252.

[33] Wu I L, Chen J L. An Extension of Trust and TAM Model with TPB in the Initial Adoption of On-line Tax: An Empirical Study [J]. International Journal of Human-Computer Studies, 2005, 62 (6): 784-808.

[34] Wunder S. Payments for Environmental Services: Some Nuts and Bolts [R]. CIFOR Occasional Paper, 2005, 42.

[35] Zhang Q, Lin T. An Eco-Compensation Policy Framework for the People's Republic of China: Challenges and Opportunities [R]. Asian Development Bank Report, 2010.

[36] 白景锋. 跨流域调水水源地生态补偿测算与分配研究——以南水北

调中线河南水源区为例 [J]. 经济地理, 2010, 30 (4): 657-661+687.

[37] 才惠莲. 我国跨流域调水生态补偿法律体系的完善 [J]. 安全与环境工程, 2019, 26 (3): 16-21.

[38] 曹国华, 蒋丹璐, 唐蓉君. 流域生态补偿中地方政府动态最优决策 [J]. 系统工程, 2011 (11): 63-70.

[39] 曹洪华, 景鹏, 王荣成. 生态补偿过程动态演化机制及其稳定策略研究 [J]. 自然资源学报, 2013 (9): 1547-1555.

[40] 常修泽. 广义产权论——中国广领域多权能产权制度研究 [M]. 北京: 中国经济出版社, 2009.

[41] 陈冠宇, 巩宜萱. 跨省流域横向生态补偿何以实现?——以汀江—韩江流域治理为例 [J]. 公共管理学报, 2023, 20 (1): 97-105+173-174.

[42] 程常高, 周海炜, 唐彦, 等. 横向生态补偿对流域环境治理的重要性——基于央地协同视角的考察 [J]. 中国管理科学, 2023, 31 (9): 278-286.

[43] 程静. 风险投资项目及其利益相关者研究 [J]. 科技管理研究, 2004 (5): 38-40+43.

[44] 楚道文. 流域横向生态补偿制度的三重进阶 [J]. 干旱区资源与环境, 2023, 37 (7): 197-202.

[45] 戴胜利, 李筱雅. 流域生态补偿协同共担机制的运作逻辑——以新安江流域为例 [J]. 行政论坛, 2022, 29 (6): 109-117.

[46] 丁任重. 西部资源开发与生态补偿机制研究 [M]. 成都: 西南财经大学出版社, 2010.

[47] 董战峰, 林健枝, 陈永勤. 论东江流域生态补偿机制建设 [J]. 环境保护, 2012 (2): 43-45.

[48] 窦世权, 刘江宜. 汉江流域生态补偿机制探究 [J]. 绿色科技, 2016 (24): 142-145.

[49] 樊辉．流域管理中的公众参与研究［J］．商业时代，2012（29）：113-114.

[50] 耿翔燕，李文轩．中国流域生态补偿研究热点及趋势展望［J］．资源科学，2022，44（10）：2153-2163.

[51] 巩芳．草原生态四元补偿主体模型的构建与演进研究［J］．干旱区资源与环境，2015，29（2）：21-26.

[52] 郭曼曼，路旭，马青．小流域视角下生态—经济价值评估及补偿机制——以辽宁庄河市为例［J］．自然资源学报，2022，37（11）：2884-2897.

[53] 郭潇，方国华．跨流域调水生态环境影响评价研究［M］．北京：中国水利水电出版社，2010.

[54] 郝春旭，赵艺柯，何玥，等．基于利益相关者的赤水河流域市场化生态补偿机制设计［J］．生态经济，2019，35（2）：168-173.

[55] 胡东滨，刘辉武．基于演化博弈的流域生态补偿标准研究——以湘江流域为例［J］．湖南社会科学，2019（3）：114-120.

[56] 胡仪元．汉水流域生态补偿研究［M］．北京：人民出版社，2014.

[57] 胡仪元．生态补偿理论基础新探——劳动价值论的视角［J］．开发研究，2009（4）：23-29.

[58] 胡仪元，唐萍萍．南水北调中线工程汉江水源地水生态文明建设绩效评价研究［J］．生态经济，2017，33（2）：176-179.

[59] 贾生华，陈宏辉．利益相关者的界定方法述评［J］．外国经济与管理，2002（5）：13-18.

[60] 姜曼．大伙房水库上游地区生态补偿研究［D］．长春：吉林大学，2009.

[61] 姜仁贵，解建仓，朱记伟，等．跨流域调水工程水源区生态补偿理论框架［J］．水土保持通报，2015，35（3）：273-277+282.

[62] 蒋毓琪，陈珂．流域生态补偿研究综述［J］．生态经济，2016，

32（4）：175-180.

［63］焦士兴，刘家乐，王安周，等．基于水足迹的黄河流域生态补偿标准研究［J］．水资源与水工程学报，2023，34（4）：7-14+22.

［64］接玉梅，葛颜祥，徐光丽．基于进化博弈视角的水源地与下游生态补偿合作演化分析［J］．运筹与管理，2012（6）：137-143.

［65］靳乐山，张梦瑶．流域上下游生态补偿机制的三种模式及其比较［J］．环境保护，2022，50（19）：13-17.

［66］景守武，张捷．跨省流域横向生态补偿与城市水环境全要素生产率——以浙皖新安江流域为例［J］．城市问题，2023（1）：89-99.

［67］景守武，张捷．新安江流域横向生态补偿降低水污染强度了吗？［J］．中国人口·资源与环境，2018，28（10）：152-159.

［68］康文星，田大伦．湖南省森林公益效能的经济评价Ⅰ森林的木材生产效益与水源涵养效益［J］．中南林学院学报，2001（3）：13-17.

［69］孔凡斌．建立和完善我国生态环境补偿财政机制研究［J］．经济地理，2010（8）：1360-1366.

［70］蓝楠，夏雪莲．美国饮用水水源保护区生态补偿立法对我国的启示［J］．环境保护，2019（10）：62-65.

［71］蓝玉杏，林溪，孙争争，等．珠海市湿地生态补偿机制研究——基于利益相关者理论［J］．林业与环境科学，2020，36（2）：66-71.

［72］李彩红．水源地生态保护成本核算与外溢效益评估研究——基于生态补偿的视角［D］．泰安：山东农业大学，2014.

［73］李彩红，葛颜祥．水源地生态保护外溢生态效益评估研究［J］．济南大学学报（社会科学版），2015，25（4）：65-72+92.

［74］李国平，刘生胜．中国生态补偿40年：政策演进与理论逻辑［J］．西安交通大学学报（社会科学版），2018，38（6）：101-112.

［75］李国平，王奕淇，张文彬．南水北调中线工程生态补偿标准研究

[J]. 资源科学, 2015, 37 (10): 1902-1911.

[76] 李恒臣, 何理, 赵文仪, 等. 基于价格协商型动态博弈的水资源生态补偿模型 [J]. 中国人口·资源与环境, 2023, 33 (11): 209-218.

[77] 李继清, 薛智明, 谢开杰. 跨流域调水工程受水区生态补偿标准研究 [J]. 水力发电, 2021, 47 (1): 1-6+33.

[78] 李金昌. 生态价值论 [M]. 重庆: 重庆大学出版社, 1999.

[79] 李镜, 张丹丹, 陈秀兰, 等. 岷江上游生态补偿的博弈论 [J]. 生态学报, 2008 (6): 2792-2798.

[80] 李宁. 长江中游城市群流域生态补偿机制研究 [D]. 武汉: 武汉大学, 2018.

[81] 李维乾, 解建仓, 李建勋, 等. 基于改进 Shapley 值解的流域生态补偿额分摊方法 [J]. 系统工程理论与实践, 2013, 33 (1): 255-261.

[82] 李炜, 田国双. 生态补偿机制的博弈分析 [J]. 学习与探索, 2012 (6): 106-108.

[83] 李文华, 刘某承. 关于中国生态补偿机制建设的几点思考 [J]. 资源科学, 2010 (5): 45-52.

[84] 李晓丽, 葛颜祥, 李颖. 黄河流域横向生态补偿标准的测度研究 [J]. 科学决策, 2023 (10): 181-192.

[85] 李亚菲. 南水北调中线水源区生态补偿问题与对策研究——以陕西省为例 [J]. 西安财经大学学报, 2021, 34 (2): 81-90.

[86] 梁丽娟, 葛颜祥, 傅奇蕾. 流域生态补偿选择性激励机制——从博弈论视角的分析 [J]. 农业科技管理, 2006 (4): 49-52.

[87] 林秀珠, 李小斌, 李家兵, 等. 基于机会成本和生态系统服务价值的闽江流域生态补偿标准研究 [J]. 水土保持研究, 2017, 24 (2): 314-319.

[88] 刘桂环, 谢婧, 文一惠, 等. 关于推进流域上下游横向生态保护补偿机制的思考 [J]. 环境保护, 2016, 44 (13): 34-37.

［89］刘江宜．可持续性经济的生态补偿论［M］．北京：中国环境科学出版社，2012．

［90］刘青．分类经营视角下森林生态效益补偿机制的经济学分析［J］．现代农村科技，2012（6）：5-6．

［91］刘勋勋，左美云，刘满成．基于期望确认理论的老年人互联网应用持续使用实证分析［J］．管理评论，2012，24（5）：89-101．

［92］陆旸．中国的绿色政策与就业：存在双重红利吗？［J］．经济研究，2011（7）：42-54．

［93］马莹．基于利益相关者视角的政府主导型流域生态补偿制度研究［J］．经济体制改革，2010（5）：52-56．

［94］马永喜，王娟丽，王晋．基于生态环境产权界定的流域生态补偿标准研究［J］．自然资源学报，2017，32（8）：1325-1336．

［95］毛占锋，王亚平．跨流域调水水源地生态补偿定量标准研究［J］．湖南工程学院学报（社会科学版），2008（2）：15-18．

［96］穆贵玲，汪义杰，李丽，等．水源地生态补偿标准动态测算模型及其应用［J］．中国环境科学，2018，38（7）：2658-2664．

［97］倪琪，徐涛，李晓平，等．跨区域流域生态补偿标准核算——基于成本收益双视角［J］．长江流域资源与环境，2021，30（1）：97-110．

［98］聂华．试论森林生态功能的价值决定［J］．林业经济，1994（4）：48-52．

［99］聂勇浩，罗景月．感知有用性、信任与社交网站用户的个人信息披露意愿［J］．图书情报知识，2013（5）：89-97．

［100］潘鹤思，柳洪志．跨区域森林生态补偿的演化博弈分析——基于主体功能区的视角［J］．生态学报，2019，39（12）：4560-4569．

［101］彭卓越．北京市南水北调水资源生态补偿标准研究［J］．人民黄河，2022，44（10）：95-100．

［102］邱宇，陈英姿，饶清华，等．基于排污权的闽江流域跨界生态补偿研究［J］．长江流域资源与环境，2018，27（12）：2839-2847.

［103］任以胜，龙一鸣，陆林．流域生态补偿政策对受偿地区水污染强度的影响——以新安江流域为例［J］．经济地理，2023，43（11）：181-189.

［104］沈满洪，谢慧明，王晋，等．生态补偿制度建设的"浙江模式"［J］．中共浙江省委党校学报，2015，31（4）：45-52.

［105］盛洪．外部性问题和制度创新［J］．管理世界，1995（2）：195-201.

［106］宋丽颖，杨潭．转移支付对黄河流域环境治理的效果分析［J］．经济地理，2016，36（9）：166-172+191.

［107］孙建军，成颖，柯青．TAM 与 TRA 以及 TPB 的整合研究［J］．现代图书情报技术，2007（8）：40-43.

［108］孙开，孙琳．流域生态补偿机制的标准设计与转移支付安排——基于资金供给视角的分析［J］．财贸经济，2015（12）：118-128.

［109］孙晓娟，韩艳利，毛予捷．黄河流域生态保护补偿机制建设的立法建议［J］．人民黄河，2021，43（11）：13-16+39.

［110］孙玉环，张冬雪，丁娇，等．跨流域调水核心水源地生态补偿标准研究——以丹江口库区为例［J］．长江流域资源与环境，2022，31（6）：1262-1271.

［111］谭佳音，蒋大奎．跨流域调水工程水源区生态补偿分摊 DEA 模型［J］．统计与决策，2019，35（9）：33-37.

［112］唐萍萍，张欣乐，胡仪元．水源地生态补偿绩效评价指标体系构建与应用——基于南水北调中线工程汉江水源地的实证分析［J］．生态经济，2018，34（2）：170-174.

［113］唐文坚，程冬兵．长江流域水土保持生态补偿机制探讨［J］．长江科学院院报，2010，27（11）：94-97.

［114］唐燕勤，梁春艳．流域生态补偿政策完善建议［J］．环境保护，2023，51（4）：63-67.

［115］万亚胜，程久苗，吴九兴，等．基于计划行为理论的农户宅基地退出意愿与退出行为差异研究［J］．资源科学，2017，39（7）：1281-1290.

［116］汪劲．中国生态补偿制度建设历程及展望［J］．环境保护，2014，42（5）：18-22.

［117］王昶，吕夏冰，孙桥．居民参与"互联网+回收"意愿的影响因素研究［J］．管理学报，2017，14（12）：1847-1854.

［118］王昊宇，李爱年．流域横向生态补偿协商实效性的制约因素及对策［J］．环境保护，2024，52（5）：50-53.

［119］王健，曹巍，黄麟．基于水供需服务流及外溢价值核算的太湖流域横向生态补偿机制［J］．生态学报，2024，44（03）：955-965.

［120］王金南，庄国泰．生态补偿机制与政策设计［M］．北京：中国环境科学出版社，2006.

［121］王军锋，侯超波，闫勇．政府主导型流域生态补偿机制研究——对子牙河流域生态补偿机制的思考［J］．中国人口·资源与环境，2011，21（7）：101-106.

［122］王品文，陈晓飞，张斌，等．调水工程生态补偿的分阶段推进战略［J］．环境科学与技术，2012，35（7）：90-95.

［123］王西琴，高佳，马淑芹，等．流域生态补偿分担模式研究——以九洲江流域为例［J］．资源科学，2020，42（2）：242-250.

［124］王夏林，王转林，王金霞，等．流域尺度下季节性休耕生态补偿标准的空间优化研究——以海河流域为例［J］．中国农村经济，2024（3）：142-165.

［125］王奕淇，李国平，马嫣然．流域生态服务价值补偿分摊研究——以渭河流域为例［J］．干旱区资源与环境，2019，33（11）：83-88.

［126］王泽琳，张如良，吴欢．跨流域调水的公正问题——基于环境正义的分析视角［J］．中国环境管理，2019，11（2）：101-105．

［127］乌力吉，徐劲草，许新宜，等．流域生态补偿机制制定方法研究［J］．北京师范大学学报（自然科学版），2012，48（6）：659-664．

［128］席晶，袁国华，贾立斌．基于市场机制深化生态保护补偿制度的改革思路［J］．科技导报，2021，39（14）：10-19．

［129］夏勇，张彩云，寇冬雪．跨界流域污染治理政策的效果——关于流域生态补偿政策的环境效益分析［J］．南开经济研究，2023（4）：181-198．

［130］夏勇，钟茂初，寇冬雪．流域生态补偿试点的经济效益［J］．世界经济，2024（5）：64-95．

［131］谢高地，张彩霞，张昌顺，等．中国生态系统服务的价值［J］．资源科学，2015，37（9）：1740-1746．

［132］谢利玉．浅论公益林生态效益补偿问题［J］．世界林业研究，2000，13（3）：70-76．

［133］徐大伟，荣金芳，李斌．生态补偿的逐级协商机制分析［J］．经济学家，2013（9）：52-59．

［134］徐鑫，倪朝辉，沈子伟，等．跨流域调水工程对水源区生态环境影响及评价指标体系研究［J］．生态经济，2018，34（7）：174-178．

［135］许凤冉，阮本清，张春玲，等．跨流域调水生态补偿研究进展与关键技术［J］．水利经济，2022，40（4）：34-40+92-93．

［136］杨爱平，杨和焰．国家治理视野下省际流域生态补偿新思路——以皖、浙两省的新安江流域为例［J］．北京行政学院学报，2015（3）：9-15．

［137］杨光梅，闵庆文，李文华，等．中国生态补偿研究中的科学问题［J］．生态学报，2007（10）：4289-4300．

［138］杨小军，费梓萱，任林静．组态视角下流域多元化生态补偿的差异化驱动路径分析［J］．中国农村经济，2023（12）：106-125．

［139］杨嘲，彭迪云，谢菲．基于 TAM/TPB 的感知风险认知对用户信任及其行为的影响研究：以支付增值产品余额宝为例［J］．管理评论，2016，28（6）：229-240.

［140］杨悦，刘翼，卢全莹，等．河流水污染跨区域合作治理机制研究——基于三方演化博弈方法［J］．系统工程理论与实践，2023，43（6）：1815-1836.

［141］杨云彦，石智雷．南水北调与区域利益分配：基于水资源社会经济协调度的分析［J］．中国地质大学学报（社会科学版），2009（2）：13-18.

［142］俞海，任勇．中国生态补偿：概念、问题类型与政策路径选择［J］．中国软科学，2008（6）：7-15.

［143］禹雪中，冯时．中国流域生态补偿标准核算方法分析［J］．中国人口·资源与环境，2011，21（9）：14-19.

［144］曾庆敏，陈利根，龙开胜．我国耕地生态补偿实施的制度环境评价［J］．四川师范大学学报（社会科学版），2019，46（5）：113-120.

［145］张国兴，徐龙，千鹏霄．南水北调中线水源区生态补偿测算与分配研究［J］．生态经济，2020，36（2）：160-166.

［146］张建国．森林生态经济问题研究［M］．北京：中国林业出版社，1986.

［147］张婕，古明敏，王陈．基于共享视角的黄河流域综合生态补偿机制［J］．中国人口·资源与环境，2024，34（3）：192-204.

［148］张明凯．流域生态补偿多元融资渠道及效果研究［D］．昆明：昆明理工大学，2018.

［149］张培．技术接受模型的理论演化与研究发展［J］．情报科学，2017，35（9）：165-171.

［150］张翔．宁夏中南部调水工程水源区生态补偿研究［D］．银川：宁夏大学，2021.

［151］张殷波，牛杨杨，王文智，等．利益相关者视角下的濒危物种价值评估与生态补偿——以翅果油树为例［J］．应用生态学报，2020，31（7）：2323-2331.

［152］赵建国，刘宁宁．"责任共担"原则下区际协同生态补偿标准研究——以长江经济带为例［J］．数量经济技术经济研究，2024，41（6）：191-212.

［153］赵晶晶，葛颜祥，李颖．"多主体协同"对流域生态补偿运行绩效的影响研究［J］．中国土地科学，2022，36（11）：95-105.

［154］赵晶晶，葛颜祥，李颖．协同引擎、外部环境与流域生态补偿多主体协同行为研究——以山东省大汶河流域为例［J］．中国环境管理，2023，15（4）：130-139.

［155］郑野，聂相田，苏钊贤．南水北调中线工程河南水源区生态补偿标准研究［J］．人民黄河，2023，45（4）：92-95+101.

［156］中国生态补偿机制与政策研究课题组．中国生态补偿机制与政策研究［M］．北京：科学出版社，2007.

［157］周春芳，张新，刘斌．基于演化博弈的流域生态补偿机制研究——以贵州赤水河流域为例［J］．人民长江，2018，49（23）：38-42.

［158］周申蓓，李嘉欣，张子霞．跨流域调水三方合作博弈生态补偿研究——以南水北调中线工程为例［J］．长江流域资源与环境，2023，32（11）：2371-2382.

［159］朱九龙．国内外跨流域调水水源区生态补偿研究综述［J］．人民黄河，2014，36（2）：78-81.

［160］朱九龙，王俊，陶晓燕，等．基于生态服务价值的南水北调中线水源区生态补偿资金分配研究［J］．生态经济，2017，33（6）：127-132+139.

后 记

　　本书是陕西省科技厅自然基础科学青年项目"跨流域调水工程水源区生态补偿多元主体责任分担及其协同效应研究"（2022JQ-454）的直接研究成果。该项目研究工作启动于 2022 年 9 月，至今已历时两年。在项目研究过程中，首先由刘玨玨拟定了项目的研究工作计划，其次由项目组成员进行了认真的理论研讨和广泛的实地调研。在此基础上，刘玨玨起草了本书的写作大纲，并撰写了前言，李新一撰写了第一章的初稿，刘书芳撰写了第六章的初稿，刘鑫婷撰写了第二章的初稿，唐延华撰写了第三章的初稿，王禄杰撰写了第四章的初稿，李芳雨、王思佳、雷文夕撰写了第五章和第七章的初稿。初稿完成后，经项目组集体讨论，各位执笔人根据集体讨论意见对所承担的文稿进行了修改，最终由刘玨玨对全部文稿修改定稿。

刘玨玨

2024 年 9 月